U0155097

天津市绿色食品生产
操作规程汇编

钱 红 张凤娇 主编

中国农业出版社

北 京

图书在版编目(CIP)数据

天津市绿色食品生产操作规程汇编 / 钱红，张凤娇
主编 . —北京 ：中国农业出版社，2022.2
　ISBN 978-7-109-29167-6

　Ⅰ.①天… 　Ⅱ.①钱… ②张… 　Ⅲ.①绿色食品－生
产技术－技术操作规程－天津 　Ⅳ.①TS2-65

中国版本图书馆 CIP 数据核字(2022)第 036653 号

中国农业出版社出版

地址:北京市朝阳区麦子店街 18 号楼

邮编:100125

责任编辑:廖　宁

版式设计:杜　然　责任校对:吴丽婷

印刷:中农印务有限公司

版次:2022 年 2 月第 1 版

印次:2022 年 2 月北京第 1 次印刷

发行:新华书店北京发行所

开本:880mm×1230mm　1/16

印张:6

字数:220 千字

定价:68.00 元

主　　编　钱　红　张凤娇

副 主 编　王　莹　马文宏　任　伶

编写人员　（按姓氏笔画排序）

马树敏　马洪英　王　帅　文雪娇

方　媛　田淑芬　吕　峰　刘　忠

刘文宝　刘烨潼　孙玉霜　运　杰

杜艳梅　李　杰　李衍素　杨小玲

杨鸿炜　辛　勍　张　玮　张　鑫

张卫华　陈炳儒　金晓兴　周书洪

郑成岩　郑宝福　房　骏　耿以工

郭维胜　商佳胤

序

为推动新时期天津市绿色食品事业高质量发展，规范和指导天津市绿色食品企业生产，提高绿色食品品牌的公信度和影响力，天津市农业发展服务中心组织编写了一批绿色食品生产操作规程。

绿色食品标准体系是绿色食品发展理念的技术载体，是绿色食品事业发展的根基。绿色食品生产操作规程是绿色食品标准体系的重要组成部分，是落实绿色食品标准化生产的重要手段，是解决标准化生产"最后一公里"问题的关键。天津市自 2017 年开始开展绿色食品生产操作规程的编写工作，结合本市实际，充分融入绿色食品的理念和标准要求，按不同作物品种的生产要求，制定了多项绿色食品生产操作规程，涵盖小麦、玉米、葡萄、白菜等。

本书系统整理收录了适用于天津市的绿色食品生产操作规程 11 项，旨在为天津市绿色食品生产提供规范指导，为绿色食品标准化生产提供重要依据。本书可作为绿色食品生产企业和农民作业指导书，也可作为绿色食品工作机构的工具书，同时可为其他农业企业提供技术参考，助推规程进企入户、落地生根。

天津市农业发展服务中心 主任

目　　录

序

绿 色 食 品 生 产 操 作 规 程

LB/T 004—2018

黄淮海北部地区
绿色食品小麦生产操作规程

2018-04-03 发布　　　　2018-04-03 实施

中国绿色食品发展中心 发布

前　言

本规程由中国绿色食品发展中心提出并归口。

本规程起草单位：天津市乳品食品监测中心、中国绿色食品发展中心、中国农业科学院作物科学研究所、天津市绿色食品办公室、黑龙江省绿色食品发展中心。

本规程主要起草人：刘忠、张志华、郑成岩、张玮、马文宏、张凤娇、王莹、任伶、刘烨潼、邓艾兴、张凤媛、刘培源、赵荣、张雪涛。

黄淮海北部地区绿色食品小麦生产操作规程

1 范围

本规程规定了黄淮海北部地区绿色食品小麦的产地环境、品种选择、整地与播种、田间管理、采收、生产废弃物处理、储藏、包装与运输和生产档案管理。

本规程适用于北京市、天津市、河北省和山西省绿色小麦的生产。

2 规范性引用文件

下列文件对于本文件的应用是必不可少的。凡是注日期的引用文件,仅注日期的版本适用于本文件。凡是不注日期的引用文件,其最新版本(包括所有的修改单)适用于本文件。

GB 4404.1 粮食作物种子

NY/T 391 绿色食品 产地环境质量

NY/T 393 绿色食品 农药使用准则

NY/T 394 绿色食品 肥料使用准则

NY/T 658 绿色食品 包装通用准则

NY/T 1056 绿色食品 储藏运输准则

NY/T 1118 测土配方施肥技术规范

3 产地环境

产地环境条件应符合 NY/T 391 的要求,选择在无污染和生态条件良好的地区。基地选点应远离工矿区和公路铁路干线,避开工业和城市污染源的影响,地块应土壤肥沃,土层深厚,灌排便利。选择区域的全年≥10℃的积温在 3 500℃以上,小麦播种至成熟期>0℃积温在 2 200℃以上,生育期日照时数在 2 000 h 以上。全年无霜期大于 135 d,降水量大于 440 mm。

4 品种选择

4.1 选择原则

种子质量应符合 GB 4404.1 的要求。选用经过国家或黄淮海北部省份农作物品种审定委员会审定,优质、节水、高产、稳产、抗病、抗倒的小麦品种。

4.2 品种选用

北京市小麦种植可选用农大 211、农大 212、轮选 987、中麦 175 和农大 5181,天津市可选用津农 6号、中麦 996 和津麦 0108,河北省可选用观 35、石麦 15、石新 828、邯麦 13、河农 6425 和衡 4399,山西省可选用临丰 3 号、运旱 20410、临汾 8050、鑫麦 296 和长 6878。上述品种建议选择种衣剂(含吡虫啉)包衣的种子。

4.3 种子处理

播种前 1 周进行种子精选,将麦种晾晒 2 d～3 d,剔除碎粒、秕粒、杂质等。种子的纯度和净度应达98%以上,发芽率不低于 85%,种子含水量不高于 13%。

5 整地与播种

5.1 整地

前茬玉米成熟后,用联合作业机械收获玉米,同时将玉米秸秆切碎均匀撒到田间,秸秆切碎后的长度在 3 cm～5 cm,割茬高度小于 5 cm,漏切率小于 2%。前茬玉米收获后,深耕 18 cm～24 cm,打破犁底层;耕后耙地,达到地面平整、上松下实。

5.2 播种

5.2.1 播种期

小麦播种至越冬开始,有 0℃以上积温 600℃～650℃为宜。黄淮海北部区域小麦适宜的播种期是 10 月 2～10 日。冬性品种应早播,半冬性品种可适当晚播。

5.2.2 播种量

在适宜播种期内,分蘖成穗率低的大穗型品种,每公顷要求基本苗 225 万株～300 万株;分蘖成穗率高的中穗型品种,每公顷要求基本苗 180 万株～240 万株。在适宜播种期内的前几天,地力水平高的地块取下限基本苗;在适宜播种期的后几天,地力水平一般的地块取上限基本苗。如果因为干旱等原因推迟播种期,要适当增加基本苗,要求每晚播 2 d,每公顷增加基本苗 15 万株～30 万株。

5.2.3 播种方式

采用小麦精量条播机播种,行距一般 18 cm～25 cm,播种深度要求 3 cm～5 cm。

5.2.4 播种后镇压

用带镇压装置的小麦播种机械,在小麦播种时镇压;没有灌水造墒的秸秆还田地块,播种后再用镇压器镇压 1 遍～2 遍,以保证小麦出苗后根系正常生长,提高抗旱能力。

6 田间管理

6.1 灌溉

小麦灌溉关键期为越冬期、拔节期和开花期。每次喷灌水量 600 m³/hm²。灌溉推荐采用微喷灌的节水灌溉方式。

6.2 施肥

提倡增施有机肥,控施化肥,合理施用中量和微量元素肥料。施用的肥料应符合 NY/T 394 的要求。施肥量应符合 NY/T 1118 进行测土配方施肥,根据土壤肥力状况,确定施肥量和肥料比例。一般每亩基施腐熟有机肥 2 000 kg～4 000 kg,每亩总施肥量:尿素 7 kg～12 kg、磷酸二铵 11 kg～15 kg、硫酸钾 10 kg～14 kg、硫酸锌(ZnSO₄)1.5 kg～2.0 kg。全部有机肥、磷酸二铵、硫酸钾、硫酸锌作底肥,尿素的 50%作底肥,结合整地一次性施入。翌年春季小麦拔节期再施余下的 50%的尿素。

6.3 病虫草害防治

6.3.1 防治原则

应坚持预防为主、综合防治的原则,推广绿色防控技术,优先采用农业防治、物理防治和生物防治措施,配合使用化学防治措施。

6.3.2 主要病虫草害

小麦主要病害有锈病、白粉病、纹枯病和赤霉病等;害虫有蚜虫、麦蜘蛛等;杂草有看麦娘、节节麦、荠菜、播娘蒿等。

6.3.3 病虫害防治

6.3.3.1 农业防治措施

选用丰产抗病性好的小麦品种,轮作换茬,适期播种,合理施肥,培育壮苗,以压低病原菌及虫口数量,减少初侵染源,同时增强小麦的抗病虫能力。

6.3.3.2 物理防治措施

根据害虫趋光、趋化、趋色等行为习性,采用杀虫灯诱杀、色板诱杀、防虫网诱杀等。杀虫灯有太阳能和交流电两种,主要用于小麦蚜虫、麦叶蜂等害虫的防治,田间设置 15 盏/hm²。色板诱杀是利用害虫对颜色的趋向性,应用黄板、蓝板及信息素板,通过板上黏虫胶防治虫害,悬挂高度距离作物上部

15 cm～20 cm。防治麦叶蜂,开始可以悬挂 5 片～6 片诱虫板,以监测虫口密度,当诱虫板上诱虫量增加时,每公顷地悬挂规格为 25 cm×40 cm 的蓝色诱虫板 300 片;防治蚜虫开始可以悬挂 3 片～5 片诱虫板,以监测虫口密度,当诱虫板上诱虫量增加时,每公顷地悬挂规格为 25 cm×30 cm 的黄色诱虫板 450 片。

6.3.3.3 生物防治措施

保护利用麦田自然天敌,在小麦开花和灌浆期释放食蚜蝇、瓢虫等防治蚜虫。

6.3.3.4 化学防治措施

农药的使用应符合 NY/T 393 的要求。防治白粉病和条锈病,掌握在麦田出现中心病团时,每亩可用 25%丙环唑乳油 30 mL～35 mL 或 20%三唑酮乳油 45 mL～60 mL,兑水 60 kg～75 kg 喷雾;防治纹枯病每亩可用 5%井冈霉素水剂 100 mL～150 mL,兑水 40 kg 喷施到植株下部。防治赤霉病每亩可用 50%多菌灵可湿性粉剂 100 g 兑水 50 kg,在始花期前喷雾,可兼治白粉病;防治蚜虫每亩可用 10%吡虫啉 10 g～20 g 或 50%抗蚜威 6 g～8 g 等杀虫剂,在百株蚜虫量 800 头～1 000 头时施药。病虫害具体化学防治方案参见附录 A。

6.3.4 草害防治

6.3.4.1 农业防治措施

小麦出苗后,在 2 叶 1 心至 3 叶时,及时进行人工除草。春季在土壤化冻 2 cm 时及时划锄松土,防治田间杂草。

6.3.4.2 化学防治措施

农药的使用应符合 NY/T 393 的要求。防治播娘蒿、荠菜等阔叶杂草,可在冬小麦分蘖初至分蘖末期,每亩用 70% 2 甲 4 氯粉剂 55 g～85 g 或 20% 2 甲 4 氯水剂 200 mL～300 mL,加水 30 kg～50 kg 均匀喷雾;防治看麦娘、节节麦等禾本科杂草,可在禾本科杂草 2 叶～4 叶期,每亩用 36%禾草灵乳油 130 mL～180 mL,加水 30 kg～40 kg 喷雾防治。喷药时一定要均匀,做到不重喷、不漏喷。杂草具体化学防治方案参见附录 A。

6.4 其他管理措施

6.4.1 冬前管理

出苗后及时查苗补种。雨后或灌水后的地块,及时划锄,破除板结,划锄时要防止拉伤根系。对群体偏大、生长过旺的麦田,可采取深中耕断根或镇压措施,控旺转壮,保苗安全越冬。

6.4.2 返青期管理

返青期的肥水管理要看苗分类管理,对于群体大,叶色浓绿,有旺长趋势的麦田,应采取深耕断根,在拔节中后期进行肥水管理,控旺防倒。对于群体小,叶色较淡的麦田,应在起身初期进行肥水管理,促弱转壮,以巩固冬前分蘖,提高分蘖成穗率。

6.4.3 灌浆期管理

在灌浆前中期,推荐每亩用尿素 0.5 kg、磷酸二氢钾 0.1 kg 加水 50 kg 进行叶面喷洒,以预防干热风并延缓衰老,增加粒重,提高籽粒品质。

7 采收

在蜡熟末期适时采用联合收割机收获。收获的小麦籽粒应做到单收、单晒,选择无污染的晒场晾晒、清除杂质。当水分含量降到 12%以下时,粮温上升到 45℃～48℃时起堆,趁热入仓。

8 生产废弃物处理

除草剂、杀菌剂、杀虫剂、种衣剂以及包衣种子的包装物不得重复使用,使用后应深埋或集中处理,且不能引起环境污染。秸秆要求粉碎还田,将小麦秸秆切碎均匀抛撒到田间,秸秆切碎后的长度 8 cm～10 cm,漏切率小于 2%。

9 储藏

9.1 库房质量

库房符合 NY/T 1056 要求,到达屋面不漏雨,地面不返潮,墙体无裂缝,门窗能密闭,具有坚固、防潮、隔热、通风和密闭等性能。

9.2 防虫措施

在粮堆和表面每 1 000 kg 粮食使用 1 kg~2 kg 辣蓼碎段防虫。

9.3 防鼠措施

粮库外围靠墙设置一定数量的鼠饵盒,内放做成蜡块的诱饵,药物成分为法律法规允许使用于食品工厂灭鼠的药物。粮库出入口和窗户设置挡鼠板或挡鼠网。粮库内每隔 15 m 靠墙设置 1 个鼠笼,鼠笼中的诱饵不得使用易变质食物,要求使用无污染的鼠饵球。根据需要可增设黏鼠板。

9.4 防潮措施

热入仓密闭保管小麦使用的仓房、器材、工具和压盖物均须事先彻底消毒,充分干燥,做到粮热、仓热、工具和器材热,防止结露现象的发生。聚热缺氧杀虫过程结束后,将小麦进行自然通风或机械通风充分散热祛湿,经常翻动粮面或开沟,防止后熟期间可能引起的水分分层和上层"结顶"现象。

10 包装与运输

所用包装材料或容器应采用单一材质的材料,方便回收或可生物降解的材料,符合 NY/T 658 的要求。在运输过程中禁止与其他有毒有害、易污染环境等物质一起运输,以防污染。

11 生产档案管理

建立绿色食品小麦生产档案。应详细记录产地环境条件、生产技术、肥水管理、病虫草害的发生和防治、采收及采后处理等情况并保存记录 3 年以上。

附　录　A

（资料性附录）

黄淮海北部地区绿色食品小麦生产主要病虫草害化学防治方案

黄淮海北部地区绿色食品小麦生产主要病虫草害化学防治方案见表 A.1。

表 A.1　黄淮海北部地区绿色食品小麦生产主要病虫草害化学防治方案

防治对象	防治时期	农药名称	使用剂量	施药方法	安全间隔期,d
白粉病、条锈病	拔节至灌浆期	25％丙环唑乳油	30 mL/亩～35 mL/亩	喷雾	42
		20％三唑酮乳油	45 mL/亩～60 mL/亩	喷雾	20
纹枯病	拔节至灌浆期	24％井冈霉素水剂	37.5 mL/亩～50 mL/亩	喷雾	14
赤霉病	齐穗至盛花期	50％多菌灵可湿性粉剂	100 g/亩	喷雾	20
蚜虫	发生期	10％吡虫啉可湿性粉剂	10 g/亩～20 g/亩	喷雾	20
		50％抗蚜威可湿性粉剂	6 g/亩～8 g/亩	喷雾	6
看麦娘、节节麦等禾本科杂草	禾本科杂草2叶～4叶期	36％禾草灵乳油	130 mL/亩～180 mL/亩	喷雾	30
注:农药使用以最新版本 NY/T 393 为准。					

绿 色 食 品 生 产 操 作 规 程

LB/T 008—2018

黄淮海地区
绿色食品夏玉米生产操作规程

2018-04-03 发布

2018-04-03 实施

中国绿色食品发展中心 发布

前　　言

本规程由中国绿色食品发展中心提出并归口。

本规程起草单位：天津市绿色食品办公室、中国绿色食品发展中心、中国农业科学院作物科学研究所、河南省绿色食品发展中心、河北省绿色食品办公室、山东省绿色食品发展中心、黑龙江省绿色食品发展中心。

本规程主要起草人：张玮、张宪、郑成岩、张凤娇、王莹、任伶、马文宏、樊恒明、刘远航、刘烨潼、邓艾兴、马磊、孙世德、王洪亮、孟浩、王馨、邱璐。

黄淮海地区绿色食品夏玉米生产操作规程

1 范围

本规程规定了黄淮海地区绿色食品夏玉米的产地环境、品种选择、整地与播种、田间管理、采收、生产废弃物处理、储藏、包装与运输及生产档案管理。

本规程适用于北京市、天津市、河北省、山西省、江苏省北部地区、安徽省、山东省、河南省和湖北省的绿色夏玉米生产。

2 规范性引用文件

下列文件对于本文件的应用是必不可少的。凡是注日期的引用文件,仅注日期的版本适用于本文件。凡是不注日期的引用文件,其最新版本(包括所有的修改单)适用于本文件。

GB 4404.1　粮食作物种子

NY/T 391　绿色食品　产地环境质量

NY/T 393　绿色食品　农药使用准则

NY/T 394　绿色食品　肥料使用准则

NY/T 658　绿色食品　包装通用准则

NY/T 1056　绿色食品　储藏运输准则

NY/T 1118　测土配方施肥技术规范

3 产地环境

产地环境条件应符合 NY/T 391 的要求,选择在无污染和生态条件良好的地区。基地选点应远离工矿区和公路铁路干线,避开工业和城市污染源的影响,地块应肥力较高,耕层深厚,保水保肥,灌排便利。要求土壤耕作层大于 20 cm,耕层有机质含量大于 1.2%,速效氮大于 60 mg/kg,速效磷大于 20 mg/kg,速效钾大于 120 mg/kg。土壤 pH 6.5～7.0,氯化钠含量 0.3% 以下,微量元素充足。选择区域的年平均气温 10℃～14℃,全年无霜期大于 170 d,降水量 500 mm～800 mm,≥10℃ 的积温在 3 600℃～4 700℃,生育期日照时数在 2 000 h～2 800 h。

4 品种选择

4.1 选择原则

种子质量应符合 GB 4404.1 的要求。根据生态条件,因地制宜选用经过国家或者黄淮海省份农作物品种审定委员会审定,优质、高产、稳产、抗病、抗倒的夏玉米品种,选用的品种生育期所需活动积温比当地常年活动积温少 150℃ 左右。种子的纯度和净度应达 98% 以上,发芽率不低于 90%,种子含水量不高于 16%。

4.2 品种选用

选择的品种尽量避免光热资源浪费和成熟度不足等情况的发生,并且建议选用 5.4% 吡·戊(吡虫啉含量 5%、戊唑醇含量 0.4%)玉米种衣剂包衣的种子。黄淮海北部夏玉米可选择品种有郑单 958、浚单 20、京科 68、中单 909、京单 38、中科 11、农华 101 和纪元 1 号等;黄淮海中部可选择的品种有郑单 958、浚单 20、新单 26、伟科 702、吉祥 1 号、登海 605、先玉 335、中单 909、鲁单 981、金海 5 号、中科 11、蠡玉 35、聊玉 22 号、洛玉 8 号等;黄淮海南部可选择的品种有郑单 958、浚单 20、伟科 702、吉祥 1 号、新单 26、先玉 335、金海 5 号、中科 11、蠡玉 16、苏玉 20、隆平 206、登海 605、益丰 29、弘大 8 号等。

4.3 种子处理

4.3.1 晒种

播种前 15 d 将玉米种子晾晒 2 d～3 d,并时常翻动种子,使种子晾晒均匀,提高出苗率。

4.3.2 发芽率试验

种子处理完成后,播前 10 d 进行 1 次发芽率试验,保证种子的发芽率在 90％以上。

5 整地与播种

5.1 整地

前茬小麦灌好麦黄水,小麦成熟后,用联合作业机械收获小麦,同时将小麦秸秆切碎均匀撒到田间,秸秆切碎后的长度在 5 cm～8 cm,割茬高度小于 10 cm,漏切率小于 2％。前茬小麦收获后,灭茬、施肥、浅耕后播种。

5.2 播种

5.2.1 播种期

黄淮海区域夏玉米适宜的播种期是 6 月 5～15 日,即小麦收获后及时抢茬整地播种,以大蒜、豌豆等早熟经济作物为前茬的地块,可视倒茬时间适当早播。

5.2.2 播种量

根据品种特性和种植密度,播种量 45 kg/hm²～52.5 kg/hm²。一般紧凑型玉米品种种植密度 60 000 株/hm²～75 000 株/hm²,大穗型品种种植密度 52 500 株/hm²～60 000 株/hm²。

5.2.3 播种方式

采用筑畦条播,玉米田畦宽 4.8 m,畦埂宽 30 cm～40 cm。采用玉米施肥精量播种机进行等行距或大小行播种。等行距一般应为 60 cm;大小行一般大行距 80 cm,小行距 40 cm。播种深度 3 cm～5 cm。

6 田间管理

6.1 灌溉

一般年份,黄淮海区域的夏玉米生育期降水与生长需水同步,不进行灌溉。除遇特殊旱情,夏玉米关键生育期田间土壤相对含水量低于 60％时,应及时灌水 600 m³/hm²。夏玉米关键生育期的适宜土壤相对含水量分别为:播种期 75％左右,苗期 60％～75％,拔节期 65％～75％,抽穗期 75％～85％,灌浆期 67％～75％。玉米灌溉采用微喷灌的节水灌溉方式。

6.2 施肥

提倡增施有机肥,控施化肥,合理施用中量和微量元素肥料。施用的肥料应符合 NY/T 394 的要求。施肥量应符合 NY/T 1118 进行测土配方施肥,根据土壤肥力状况,确定施肥量和肥料比例。一般每亩基施腐熟有机肥 1 500 kg～2 000 kg,每亩总施肥量:尿素 10 kg～12 kg、磷酸二铵 10 kg～14 kg、硫酸钾 6 kg～8 kg、硫酸锌($ZnSO_4$)1.5 kg～2.0 kg。全部有机肥、磷肥、钾肥、锌肥作底肥,氮肥的 30％作底肥,结合整地一次性施入。剩余的 70％的氮肥在 6 月底至 7 月上旬玉米大喇叭口期追施。追肥方式为在距植株根 10 cm～15 cm 处开沟深施,追肥深度为 12 cm～15 cm。

6.3 病虫草鼠害防治

应坚持预防为主、综合防治的原则,推广绿色防控技术,优先采用农业防治、物理防治和生物防治措施,配合使用化学防治措施。

6.3.1 主要病虫草害

夏玉米主要病害有大斑病、小斑病、锈病、丝黑穗病、粗缩病等;害虫有玉米螟、棉铃虫、二点委夜蛾、黏虫、灰飞虱、玉米叶螨、蛴螬、金针虫、地老虎等;杂草有狗尾草、牛筋草、马齿苋等。

6.3.2 病虫害防治

6.3.2.1 农业防治措施

推广种植抗病虫、耐高温的玉米品种,开展农机农艺结合、精细管理、培育壮苗。小麦收获后深耕灭茬,控制二点委夜蛾的发生和危害。实行精耕细作、测土配方施肥、合理密植、合理水肥管理,培育健壮植株,提高田间通透度,增强植株抗病能力;清除田边地头杂草,做好田间杂草防除,铲除病虫栖息场所和寄主植物。玉米收获后进行秸秆粉碎深翻或腐熟还田处理,降低翌年病虫基数。适期晚播,可使玉米苗期感病阶段,避开粗缩病传毒昆虫灰飞虱一代成虫麦田迁出峰期,从而有效控制玉米粗缩病的发生。

6.3.2.2 物理防治措施

利用害虫的趋光、趋化、趋色习性,在成虫发生期,田间设置黑光灯、频振式杀虫灯、糖醋液、色板、性诱剂等方法诱杀害虫。灯光诱杀架设频振式杀虫灯每 2 hm² 1 盏,设置自动控制系统在 20:00 开灯,翌日 2:00 关灯,可以诱杀玉米螟、棉铃虫、二点委夜蛾、黏虫、金龟子、蝼蛄等害虫;在玉米田间分别悬挂相应的性诱剂诱捕器 15 个/hm²～30 个/hm²,高度超过玉米顶部 20 cm～30 cm,每 5 d 清理 1 次诱捕器,每 30 d 左右换 1 次诱芯,可诱杀玉米螟和棉铃虫等害虫。

6.3.2.3 生物防治措施

保护利用自然天敌,释放赤眼蜂防治玉米螟,释放瓢虫防治蚜虫,选用白僵菌对冬季堆垛秸秆内越冬玉米螟进行无害化处理;选用植物源农药等生物农药防治病虫害。

6.3.2.4 化学防治措施

农药的使用应符合 NY/T 393 的要求。防治粗缩病,可在苗期每亩用氨基寡糖素 75 mL～100 mL兑水 50 kg～75 kg 喷雾。防治玉米大斑病,可在抽雄后每亩用吡唑醚菌酯 40 mL～50 mL,兑水 100 kg,在达到防治指标时开始喷药;间隔 7 d～10 d 喷药 1 次,连续喷 2 次～3 次。防治玉米螟,在心叶期,有虫株率达 5%～10% 时,用辛硫磷 1 kg,拌入 50 kg～75 kg 过筛的细沙制成颗粒剂,投撒入玉米心叶内。防治玉米蚜虫,可在开花期每亩用 50% 抗蚜威可湿性粉剂 15 g～20 g 兑水 50 kg～75 kg 喷雾防治。病虫害具体化学防治方案参见附录 A。

6.3.3 草害防治

6.3.3.1 农业防治措施

播种前,清选种子、使用腐熟的有机肥、有效清除灌溉水中掺杂的杂草种子,防止杂草种子混入玉米田。玉米苗期和拔节期,及时中耕除草。苗期中耕宜浅,一般 5 cm 左右;拔节期中耕应深,一般 8 cm～10 cm。

6.3.3.2 化学防治措施

以人工机械中耕除草为主,农药化学除草为辅。农药的使用应符合 NY/T 393 的要求。化学除草要严格选择除草剂种类,准确控制用量和施药时期。播种后,墒情好时可每亩直接喷施 33% 二甲戊灵乳油 100 mL 加 72% 都尔乳油(精异丙甲草胺)75 mL 兑水 50 L 进行封闭式喷雾,喷雾时倒退走;墒情差时,于玉米幼苗 3 叶～5 叶、杂草 2 叶～5 叶期每亩用 33% 二甲戊灵乳油 100 mL 加 72% 都尔乳油(精异丙草胺)75 mL 兑水 50 L 进行封闭式喷雾,喷雾时要喷在行间杂草上,谨防喷到玉米心叶中。喷药时一定要均匀,做到不重喷、不漏喷。杂草具体化学防治方案参见附录 A。

6.4 其他管理措施

6.4.1 苗期管理

出苗后及时查苗补种,在玉米刚出苗时,将种子浸泡 8 h～12 h,捞出晾干后,抢时间播种;在玉米 3片～4 片可见叶间苗时,带土挖苗移栽。玉米苗期及时中耕松土,破除板结,中耕时要防止拉伤根系。

6.4.2 中期管理

拔节期,及时拔除小株、弱株,提高玉米生长整齐度,培育优良群体。小喇叭口至大喇叭口期间,进行 1 次～2 次中耕培土,促进玉米根系发育,扩大根系吸收范围。

6.4.3 后期管理

人工去雄是一项有效的增产措施,应在雄穗刚抽出而尚未开花散粉时进行,采取隔行或隔株去雄,地边和地头不要去雄,以利于边际玉米雌穗受粉,去雄数不超过全田株数的一半。人工辅助授粉,可减少秃尖、缺粒,一般在盛花末期的晴天9:00～11:00进行。玉米后期叶面喷肥,可增加植株穗部水分,能够降温增湿,促进散粉,同时可给叶片提供水分和养分。一般用1%尿素溶液加0.2%磷酸二氢钾进行叶面喷洒,防止玉米后期脱肥。如喷洒后4 h遇雨须重喷1次。

7 采收

7.1 收获时间

当植株基部叶片变黄,果穗苞叶呈黄白色而松散,玉米果穗下部籽粒乳线消失,玉米籽粒基部黑色层形成,含水量30%左右时,应及时收获。

7.2 收获方法

采用站秆人工收获或机械收获,不可地面堆放,收获的果穗要单收、单运、单放、单储,防止与非绿色食品玉米混杂。

7.3 脱粒与精选

收获后要及时进行晾晒。籽粒含水量达到20%以下时脱粒,脱粒后进行精选。

8 生产废弃物处理

除草剂、杀菌剂、杀虫剂、种衣剂以及包衣种子的包装物不得重复使用,使用后应深埋或集中处理,且不能引起环境污染。玉米收获后,严禁焚烧秸秆,应及时粉碎秸秆还田,以培肥地力。秸秆切碎后的长度在3 cm～5 cm,割茬高度小于5 cm,漏切率小于2%。

9 储藏

9.1 库房质量

库房符合NY/T 1056要求,到达屋面不漏雨,地面不返潮,墙体无裂缝,门窗能密闭,具有坚固、防潮、隔热、通风和密闭等性能。库房内温度必须保持在10℃以下,相对湿度应控制在65%以下,储藏种子最安全。

9.2 防虫措施

采用气调储藏防虫的方法,冬季通风降温后的玉米仓,门口和通风窗口及时封压防虫网,非通风窗口及时封压薄膜防虫保温。冬尽春来时环境温度逐渐上升,储粮害虫和微生物的活动也日趋频繁,此时对仓内玉米进行粮面薄膜压盖,并充入氮气进行气调储藏,环流均匀后维持仓内氮气浓度长期在90%左右。春夏交替季节补充仓内氮气至浓度达98%以上,维持时间28 d以上,进行气调杀虫。气调杀虫后长期保持仓内氮气浓度在95%左右,进行气调防虫,保证仓内玉米安全度夏而不受害虫等感染危害。

9.3 防鼠措施

粮库外围靠墙每隔10 m设置1个鼠夹,粮库内每隔15 m靠墙设置1个鼠笼,鼠夹和鼠笼中的诱饵不得使用易变质食物,可用炒熟的花生作为诱饵。根据需要可增设黏鼠板或黏鼠胶。

9.4 防潮措施

将玉米进行自然通风或机械通风充分散热祛湿,经常翻动粮面或开沟,防止粮堆上层"结露"。

10 包装与运输

所用包装材料或容器应采用单一材质的材料,方便回收或可生物降解的材料,符合NY/T 658的要求。在运输过程中禁止与其他有毒有害、易污染环境等物质一起运输,以防污染。

11 生产档案管理

建立绿色食品玉米生产档案。应详细记录产地环境条件、生产技术、肥水管理、病虫草害的发生和防治、采收及采后处理等情况并保存记录 3 年以上。

附　录　A

（资料性附录）

黄淮海地区绿色食品夏玉米生产主要病虫草害化学防治方案

黄淮海地区绿色食品夏玉米生产主要病虫草害化学防治方案见表 A.1。

表 A.1　黄淮海地区绿色食品夏玉米生产主要病虫草害化学防治方案

防治对象	防治时期	农药名称	使用剂量	施药方法	安全间隔期,d
粗缩病	苗期	氨基寡糖素	75 mL/亩～100 mL/亩	喷雾	7
玉米大斑病	抽雄期	吡唑醚菌酯	40 mL/亩～50 mL/亩	喷雾	7
玉米螟	心叶期	辛硫磷	1 kg/亩	拌入 50 kg～75 kg 细沙制成颗粒剂,投撒入玉米心叶内	7
蚜虫	发生期	50%抗蚜威	15 g/亩～20 g/亩	喷雾	6
杂草	播种后	33%二甲戊灵乳油＋72%都尔乳油(精异丙甲草胺)	100 mL/亩＋75 mL/亩	喷雾	7
	玉米幼苗 3 叶～5 叶期,杂草 2 叶～5 叶期	33%二甲戊灵乳油＋72%都尔乳油(精异丙甲草胺)	100 mL/亩＋75 mL/亩	喷雾	7
注:农药使用以最新版本 NY/T 393 的规定为准。					

绿色食品生产操作规程

LB/T 026—2018

渤海湾地区
绿色食品葡萄生产操作规程

2018-04-03发布　　　　　　　　　　　　　　　　2018-04-03实施

中国绿色食品发展中心 发布

前　言

本规程由中国绿色食品发展中心提出并归口。

本规程起草单位:天津市农业发展服务中心、中国绿色食品发展中心、天津市设施农业研究所、山东省绿色食品发展中心、山西省农产质量安全中心。

本规程主要起草人:任伶、胡琪琳、商佳胤、王莹、田淑芬、张玮、张凤娇、刘烨潼、马文宏、孟浩、王馨、朱洁、王紫竹、金一尘、庄宇宇、张晓晨、杨鸿炜。

渤海湾地区绿色食品葡萄生产操作规程

1 范围

本规程规定了环渤海地区绿色食品葡萄的产地环境、苗木选择、园地规划与定值、田间管理、病虫害防治、采收、清园、生产废弃物的处理、储藏与运输和建立生产档案。

本规程适用于北京、天津、河北、辽宁、山东的绿色食品葡萄的生产。

2 规范性引用文件

下列文件对于本文件的应用是必不可少的。凡是注日期的引用文件，仅注日期的版本适用于本文件。凡是不注日期的引用文件，其最新版本（包括所有的修改单）适用于本文件。

GB/T 19341　育果袋纸

NY/T 391　绿色食品　产地环境质量

NY/T 393　绿色食品　农药使用准则

NY/T 394　绿色食品　肥料使用准则

NY 469　葡萄苗木

NY/T 658　绿色食品　包装通用准则

NY/T 844　绿色食品　温带水果

SC/T 9001　人造冰

3 产地环境

产地环境条件应符合 NY/T 391 的要求。产地应选择在生态条件良好、清洁、无污染，具有可持续生产能力的农业生产区域。园地尽量选择平地，以便于机械化作业；园地坡度大于 20% 时，要沿坡地等高线修建梯地。选择土层深厚、排水良好的砾质壤土或沙质壤土；pH6.0～8.0；氯化钠含量不超过0.18%。本区域除山东部分产区可以种植极晚熟葡萄品种外，其他地区早、中、晚熟葡萄品种均可种植。

4 苗木选择

4.1 苗木选择原则

苗木选择应符合 NY 469 的要求。建议全部使用一、二级苗、脱毒苗、无病毒苗。

4.2 品种选用

规模较大的老产区以红地球、巨峰等葡萄品种为主；具有地方特色的产区以玫瑰香、龙眼、白牛奶等特色葡萄品种为主；新产区推荐选择夏黑、金手指、阳光玫瑰、巨玫瑰、"瑞都"系列品种、"光"系列品种、"沈农"系列品种等葡萄优新品种。

5 园地规划与定植

5.1 园地规划

果园主干路贯穿全园，路宽 4.0 m～6.0 m，园内作业道 3.0 m～4.0 m，上水渠设在作业道一侧。田面两侧设置排水沟，使园区雨季地下水位控制在 0.6 m 以下。空旷地区果园排水沟外侧需设防护林，以乔木为主，植树 2 行。葡萄定植前进行翻耕，深度 15 cm～20 cm；翌年春季挖定植沟，沟深 0.6 m～0.8 m，宽 0.8 m～1.0 m；施腐熟有机肥 3 000 kg/亩～5 000 kg/亩，施生物菌肥 150 kg/亩～200 kg/亩。

5.2 架材与架式

5.2.1 架材

5.2.1.1 水泥柱或石柱

角柱粗 15 cm×15 cm、长 3.0 m～3.5 m。边柱粗 10 cm×12 cm、长 2.5 m～3.0 m。中柱粗(8.0～10.0) cm×10.0 cm、长 2.5 m～2.8 m。

5.2.1.2 镀锌钢管

角柱管直径 3.0 吋*、长 3.0 m～3.5 m。边柱管直径 2.5 吋或 3.0 吋、长 2.5 m～3.0 m,中柱管直径 2.0 吋或 2.5 吋、长 2.5 m～3.0 m。须浇筑长×宽×厚为 30 cm×30 cm×40 cm 混凝土,镀锌钢管地上 30 cm 须涂防锈漆。

5.2.1.3 铁丝规格

10 号(Φ3.25 mm)、12 号(Φ2.64 mm)或 14 号(Φ2.00 mm)铁丝或钢丝,镀锌。

5.2.2 架式

根据园区的规模、地形、地势及种植模式使用、篱架、"Y"形架或倾斜水平棚架。

5.3 定植

5.3.1 定植时间

在春季地温稳定在 12℃以上时定植。本区域由南向北于 3 月下旬至 4 月中旬定植。

5.3.2 幼苗定植

苗木根系剪留 15 cm,用 3Be°～5Be°石硫合剂或 1%硫酸铜对苗木消毒,再用清水浸泡苗木根系 12 h 后栽植。栽苗时,开挖定植穴。苗木根系应自然伸展,向四周分布均匀。先填入部分土,轻轻提苗,使根与土壤密接。然后填土至与地面平,踏实灌透水,待水渗入后覆膜。

5.3.3 苗期管理

新梢达 0.8 m～1.0 m 进行摘心。6 月上旬立架,将枝蔓绑缚,根据架型培养树形。

5.4 栽植密度

单臂篱架,株距 0.8 m～1.0 m,行距 2 m,每亩定植 333 株～416 株;"Y"形架,株距 1.0 m～1.5 m,行距 2.5 m～3.0 m,每亩定植 178 株～267 株;倾斜水平棚架,株距 1.5 m～2.0 m,行距 2.5 m～4.0 m,每亩定植 84 株～178 株。

6 田间管理

6.1 水分

6.1.1 灌水

萌芽前和采收施有机肥后各灌一次水,土壤封冻前灌冻水,其他灌水时间根据浆果生长期视土壤含水量情况灵活掌握。建议果园配套水肥一体化系统。

6.1.2 排水

视地下水位高度排水,平时控制在 0.8 m 以下,雨季控制在 0.6 m 以下。

6.2 施肥

6.2.1 肥料选择与使用

肥料选择使用应符合 NY/T 394 的要求。

6.2.2 开花前施肥

葡萄开花前以氮素肥料为主,葡萄开花前 1 周左右要注意微量元素肥的使用。葡萄萌芽前根施三元复合肥(15-15-15),用量为 10 kg/亩～15 kg/亩。新梢生长期根施尿素,用量为 5 kg/亩～10 kg/

---

* 吋为非法定计量单位。1 吋＝2.54 cm。

亩。开花前 10 d～15 d 叶面喷施硼、锌肥保花,防止授粉不良、果粒畸形,用量为 0.1 kg/亩～0.15 kg/亩。

6.2.3 采收前施肥

葡萄开花后至采收前,要减少氮素肥料的使用,增加钾肥和钙肥用量。葡萄第一次膨果期根施钾肥,用量为 5 kg/亩～10 kg/亩。葡萄转色期叶面喷施磷酸二氢钾,用量为 0.1 kg/亩～0.15 kg/亩。葡萄第二次膨果期叶面喷施钙肥,用量为 0.1 kg/亩～0.15 kg/亩;根施钾肥,用量为 5 kg/亩～10 kg/亩。

6.2.4 采收后施肥

葡萄采收后以复合肥和有机肥为主。葡萄采收后 15 d～20 d,根施三元复合肥(15‐15‐15),用量为 10 kg/亩～15 kg/亩。葡萄落叶前 30 d～45 d,开沟施有机肥,用量为 3 000 kg/亩～4 000 kg/亩。

6.3 整形修剪

6.3.1 夏季修剪

葡萄萌芽后及时抹除多余的芽,一个芽眼萌发多个芽时留单芽,芽量大时,去除弱芽和晚萌发的芽。新梢长 15 cm 左右时定梢,新梢间隔为 10 cm～15 cm。依据品种特性在开花前或开花期对主梢进行摘心,摘心叶片为正常成熟叶片面积 1/3。顶端留一个延长副梢,依据架面空间进行摘心控制;及时引缚新梢,使新梢在架面均匀分布。依据品种适当留用副梢叶片,欧美种去除所有副梢;欧亚种去除果穗以下副梢,果穗以上副梢留 1 叶摘心。日烧严重的品种果穗附近副梢保留 2 片～3 片叶。及时去除卷须。以成熟果穗平均大小计算花序或果穗留用数量。以强枝多留,弱枝少留为原则疏花疏果。每亩留果量 2 500 个～3 500 个,单穗重 500 g～750 g,每亩产量 1 250 kg～2 000 kg。

6.3.2 冬季修剪

当地初霜冻后 10 d 以内要完成果园冬季修剪。需要埋土的产区,冬季修剪后至土壤结冻前要埋土防寒,覆土厚度 20 cm～40 cm,盖住所留枝条。埋土时将所有葡萄枝条都顺向一个方向,直接用土壤掩埋。不埋土的产区,要针对极端天气制定防寒预案。

6.4 套袋与除袋

选择葡萄专用果袋,袋口有扎丝,袋底两侧各有一通气孔,规格与葡萄品种特性和穗形大小相适应。纸质果袋要符合 GB/T 19341 的要求,也可选择无纺布材质的果袋。葡萄花后 20 d～30 d,生理落果后,本区域一般在 6 月中下旬进行。在晴天进行,避开早晨有露水和中午高温时段。如遇雨水,应在天晴天气稳定后 2 d～3 d 进行。黄色、白色或易着色品种可以带袋采收;着色差的品种可视着色情况于采收前 7 d～15 d 除袋。

7 病虫害防治

7.1 病虫害防治的原则

应坚持预防为主、综合防治的原则,推广绿色防控技术,优先采用农业防治、物理防治和生物防治措施,配合使用化学防治措施。

7.2 常见病虫害

葡萄主要病虫害:霜霉病、白粉病、炭疽病、灰霉病、白腐病、黑痘病、介壳虫、蚜虫等。

7.3 防治措施

7.3.1 农业防治

冬季埋土防寒前,刮掉葡萄枝蔓老皮,并集中深埋。

7.3.2 物理防治

树干涂白:埋土防寒葡萄园春季出土后用生石灰进行树干涂白,设施栽培葡萄园冬季修剪后进行树干涂白。悬挂黄(蓝)黏虫板:果园内春季悬挂黄(蓝)黏虫板,可有效消灭蚜虫、介壳虫等害虫。诱虫灯:可利用害虫的驱光性,有效消灭鳞翅目、鞘翅目害虫。

7.3.3 生物防治

利用瓢虫、食蚜蝇、螳螂等葡萄园害虫天敌消灭蚜虫、介壳虫等害虫。选用微生物源农药、植物源农药、矿物源农药等生物农药防治,防治方法参见附录A。

7.3.4 化学防治

农药的使用应符合NY/T 393的要求。常见病虫害防治方法参见附录A。

7.3.5 病虫害防治的注意事项

遵循农业安全使用标准及农药合理使用准则。合理选择农药品种,做到对症下药。注意喷药时期,做到及时、适时。注意喷药时间和气温、风速,一般选择晴朗天的16:00以后,气温不超过30℃,风速不超过3级的天气进行喷药。注意农药的交替使用,尽量避免连续使用一种农药或同剂型农药以免出现抗药性。两种或两种以上农药混合使用,要即混即用。混合要合理,如出现气泡、变色、沉淀等现象,应立即停止。酸性和碱性农药不能混用。采前60 d禁止使用有毒和有残留的农药。

8 采收

果实发育充分、正常,具有适于市场产品储存要求的成熟度时即可采收,同时符合NY/T 844中对感官指标、理化指标和卫生指标的要求。人工采收并分级后按NY/T 658的标准进行包装。

8.1 采收前的准备

采收前要准备果剪、果箱。果箱一般每箱装果2.5 kg~10 kg,防止压坏果粒。

8.2 采收标准

葡萄浆果充分成熟,即有色品种充分表现出固有的品种色泽,黄白色品种的浆果变成果粒充分成熟后在晴天进行采收,略透明状态,可溶性固形物达到葡萄等级规定。

8.3 采收的时间

在晴天无风或早晨露水干后进行,忌在雨天、雨后或炎热日照下采收。

8.4 采收的方法

用果剪在果穗基部把果炳剪下,轻放入果箱内,防止阳光直射暴晒灼伤,保持果粉完整,修整时将每穗中的青粒(有色品种)、小粒、病粒、虫果、损伤果等影响果品质量的果粒剪除。

8.5 分级与包装

根据果粒大小,果穗大小、颜色等进行分级,严格按照分级规格进行包装。

9 清园

整形修剪后的带病枯枝落叶应及时清理出园,避免病菌交叉感染给健康植株。秋季落叶修剪后,及时清理落叶、枝蔓,可粉碎后直接旋耕入果园,也可集中堆肥发酵后再回填果园。落叶、枝条禁止焚烧。冬季埋土防寒前,刮掉老皮,并集中深埋,春季出土后萌芽前,喷3Be°~5Be°石硫合剂,消灭越冬病原菌和虫源。

10 生产废弃物的处理

果实采收后应及时拣拾、除去田间农业固体废物,如农药化肥包装袋(瓶)、农膜等。避免这些废弃物散落在田间进入土壤,影响土壤内的物质、热量的传递和微生物的生长,防治土壤污染。

11 储藏与运输

11.1 储藏

11.1.1 储藏环境与冷库消毒

冷库生产工作人员每年体检一次,发现传染病患者及时调离;库内外要专人清扫,保持干净整洁。

库内使用不宜生锈的金属或木制工具,运输工具、垫木要定期消毒。预冷库在葡萄入库前一天温度调至—1℃～0℃,湿度≥95%。葡萄入库前3 d～5 d,对库房进行彻底消毒,具体方法:先用3 g/m³～5 g/m³高锰酸钾在库内进行全面消毒,再用10 g/m³～20 g/m³硫黄粉进行熏蒸消毒,10 h～1 2h即可,然后打开风机及库门通风24 h～48 h。

11.1.2 储藏温度

预冷间库温调至—1℃～0℃。预冷时间的长短与包装重量及入库量有关,一般每次入库量不超过总库容的15%～20%,塑料包装4 kg～5 kg预冷7h～9h,6 kg包装须预冷10 h～12 h;纸箱包装预冷12h～13h。温度保持在—0.5℃～0.5℃。

11.1.3 储藏期葡萄管理

葡萄垛应放在100 cm×100 cm×15 cm托盘上;侧面离开墙体20 cm～30 cm;离开墙顶50 cm～100 cm;同时垛与垛之间有10 cm～20 cm的空隙。储藏过程中要经常检查葡萄的储藏温度是否在±0.5℃范围内,同时经常检查葡萄是否有霉变、腐烂、裂果、药害、冻害等危害,如有及时处理。

11.2 防鼠工作

在库内外放置鼠饵,以两头剪开的塑料瓶或三角盒盛放,每15 m²放置1个。

11.3 运输

a) 应根据葡萄品种、特性、运输季节、距离及储藏的要求选择不同的运输工具。

b) 运输应专车专用,不应使用装载过化肥、农药、粪土及其他可能污染食品的物品而未经清污处理的运输工具运载葡萄。不应与化肥、农药等化学品及其他任何有害、有毒、有气味的物品一起运输。

c) 运输工具在装载葡萄之前应清理干净,必须进行消毒灭菌,防治病虫害污染。

d) 运输工具的铺垫物、遮盖物等应清洁、无毒、无害。

e) 运输过程中采取控温措施,定期检查车(船、箱)内温度以满足保持绿色食品品质所需的适宜温度。

f) 保鲜用冰应符合SC/T 9001的要求。

g) 装运前应进行食品质量检查,在食品、标签与单据三者相符合的情况下才能装运。

h) 运输过程中应轻装、轻卸、防止挤压和强烈震动。

i) 运输过程应有完整的档案记录,并保留相应的单据。

12 生产档案管理

建立绿色食品葡萄生产档案,详细记录葡萄产地环境条件、生产技术、肥水管理、病虫防治、采收时间、品种、等级等情况,并保存记录3年。

附 录 A
（资料性附录）
渤海湾地区绿色食品葡萄主要病虫害化学防治方案

渤海湾地区绿色食品葡萄主要病虫害化学防治方案见表 A.1。

表 A.1 渤海湾地区绿色食品葡萄主要病虫害化学防治方案

防治对象	防治时期	农药名称	使用剂量	施药方法	安全间隔期天数，d
霜霉病	病害发生初期	80%波尔多液可湿性粉剂	300 倍~400 倍液	喷雾	7~10
		40%烯酰吗啉悬浮剂	1 600 倍~2 000 倍液	喷雾	21
		80%代森锰锌可湿性粉剂	600 倍~800 倍液	喷雾	7~10
白粉病	葡萄病菌侵染初期	29%石硫合剂水剂	6 倍~9 倍	喷雾	15
	发病初期	30%氟菌唑可湿性粉剂	15 g/亩~18 g/亩	喷雾	7
		30%氟环唑悬浮剂	1 600 倍~2 300 倍液	喷雾	30
炭疽病	发病初期	40%腈菌唑可湿性粉剂	4 000 倍~6 000 倍液	喷雾	10~15
		0.3%苦参碱水剂	500 倍~800 倍液	喷雾	—
	发病前或发病初期	16%多抗霉素可溶粒剂	2 500 倍~3 000 倍液	喷雾	14
灰霉病	病害发病前或初期	400 g/L嘧霉胺悬浮剂	1 000 倍~1 500 倍液	喷雾	7
	发病初期	20%腐霉利悬浮剂	400 倍~500 倍液	喷雾	14
		500 g/L异菌脲悬浮剂	750 倍~850 倍液	喷雾	14
白腐病	发病初期	70%代森锰锌可湿性粉剂	438 倍~700 倍液	喷雾	14
		250 g/L戊唑醇水乳剂	2 000 倍~3 300 倍液	喷雾	28
	病害发生前或初见零星病斑时	250 g/L嘧菌酯悬浮剂	833 倍~1 250 倍液	喷雾	14
黑痘病	发病初期	70%代森锰锌可湿性粉剂	438 倍~700 倍液	喷雾	14
	病害发生前或初见零星病斑时	250 g/L嘧菌酯悬浮剂	1 000 倍~2 000 倍液	喷雾	10
介壳虫	发生初期	25%噻虫嗪水分散粒剂	4 000 倍~5 000 倍液	喷雾	7
蚜虫	发生初期	1.5%苦参碱可溶液剂	3 000 倍~4 000 倍液	喷雾	10
注：农药使用以最新版本 NY/T 393 的规定为准。					

绿 色 食 品 生 产 操 作 规 程

LB/T 034—2018

北 方 地 区
绿色食品露地大白菜生产操作规程

2018-04-03 发布

2018-04-03 实施

中国绿色食品发展中心 发 布

前　言

本规程由中国绿色食品发展中心提出并归口。

本规程起草单位:天津市绿色食品办公室、中国绿色食品发展中心、河南省绿色食品发展中心、天津市设施农业研究所、北京市农业绿色食品办公室。

本规程主要起草人:张凤娇、唐伟、马洪英、张玮、王莹、任伶、马文宏、樊恒明、刘远航、刘烨潼、周绪宝、张金环、王檬、朱青、仝雅娜、尹欣璇、靳力争、杨小玲。

北方地区绿色食品露地大白菜生产操作规程

1 范围

本规程规定了北方地区绿色食品露地大白菜的产地环境、栽培季节、品种选择、种子处理、定植、田间管理、采收、生产废弃物处理、储藏和生产档案管理。

本规程适用于北京、天津、河北、山西、内蒙古、辽宁、吉林、黑龙江、山东、河南、陕西、甘肃和宁夏的绿色食品露地大白菜生产。

2 规范性引用文件

下列文件对于本文件的应用是必不可少的。凡是注日期的引用文件,仅注日期的版本适用于本文件。凡是不注日期的引用文件,其最新版本(包括所有的修改单)适用于本文件。

GB 2762 食品安全国家标准食品中污染物限量

GB 2763 食品安全国家标准食品中农药最大残留限量

GB 16715.2 瓜菜作物种子 第2部分:白菜类

NY/T 391 绿色食品 产地环境质量

NY/T 393 绿色食品 农药使用准则

NY/T 394 绿色食品 肥料使用准则

NY/T 654 绿色食品白菜类蔬菜

NY/T 658 绿色食品包装通用准则

NY/T 943 大白菜等级规格

NY/T 1056 绿色食品 储藏运输准则

NY/T 2868 大白菜储运技术规范

SB/T 10158 新鲜蔬菜包装与标识

SB/T 10332 大白菜

SB/T 10879 大白菜流通规范

3 产地环境

生产基地环境应符合 NY/T 391 的规定,生产区域地势平坦,土壤为耕层深厚、土质疏松肥沃的沙壤土、壤土或轻黏壤土,排灌方便、通风良好,pH 6.5～7.5,前两茬未种植十字花科植物的地块。

4 栽培季节

4.1 春播大白菜

3月播种,5月中下旬采收。

4.2 夏播大白菜

6月下旬播种,8月中下旬采收。

4.3 秋播早熟大白菜

7月下旬播种,10月上旬采收。

4.4 秋播晚熟大白菜

8月上旬播种,立冬前采收。

5 品种选择

5.1 选择原则

严禁使用转基因白菜种子。选用抗病、优质丰产、抗逆性好、适应性强、商品性好的中、早、晚熟配套品种。要根据种植季节不同,选择适宜种植的品种。

5.2 品种选用

春播选择晚抽薹的一代杂种,如春抗 50、京春王、包尖白菜等;夏播选择耐热的一代杂种,如夏凯 50、中白 60、津夏 2 号等;秋季早熟栽培选择中白 65、京翠 55、津绿 55 等;秋季晚熟栽培选择耐储的一代杂种,如北京新 4 号、中白 4 号、津青 9 号、海城新 5 号等。

6 直播与育苗

6.1 播种时间

不同区域应根据当地气候特点及栽培季节,确定适宜播种期。

6.2 种子处理

6.2.1 种子质量

种子质量应符合 GB 16715.2 的要求。

6.2.2 种子处理

先将种子晾晒 2 h～3 h,然后用 50℃～55℃温水浸种 20 min,不停搅拌至水温 30℃后,再用清水浸种 2 h～3 h,略加搓洗后捞出待播。

6.3 播种量

直播用种量 200 g/亩～250 g/亩,育苗苗床用种量 300 g/亩～400 g/亩,精量穴播用种量30 g/亩～40 g/亩。

6.4 直播

6.4.1 整地

早耕多翻,打碎耙平,施足基肥。耕层的深度在 15 cm～20 cm。北方地区多采用平畦栽培,亦有些地区采用高畦、垄栽,多雨地区注意深沟排水。土壤盐碱严重或沙性土地区采用平畦,凡土壤条件较好地区采用高垄,高垄的垄距 56 cm～60 cm,垄高 13 cm～19 cm。

6.4.2 夏、秋播可直播(点播、条播或断条播)

点播:按一定的行株距开穴点籽,穴深 0.5 cm 左右,播入种子 3 粒～5 粒,播后覆土 1 cm 左右并镇压,用种量 80 g/亩。

条播:顺垄或顺畦划浅沟,沟深 0.6 cm～1.0 cm,沟内撒籽,播后盖细潮土并镇压,用种量 200 g/亩～250 g/亩。

断条播:按确定的株距顺行划 5 cm～10 cm 短沟,沟深 0.5 cm 左右,沟内撒籽,播后覆土并镇压,用种量 100 g/亩～150 g/亩。

6.5 育苗

6.5.1 育苗地的选择

要选择地势较高、排灌良好、肥沃,而且没种过十字花科蔬菜的地块。耕翻后做成平畦,畦宽 1 m～1.5 m,长 7 m～8 m,畦内撒入腐熟的优质圈粪或混合粪 150 kg,掺入硫酸钾及过磷酸钙各 0.5 kg,将畦土翻刨 2 遍,土肥混匀,然后用平耙搂成漫跑水畦。为了降温防雨,畦面最好搭荫棚。

6.5.2 育苗

春播可利用营养钵、营养土方育苗或穴盘育苗,营养土可采用草炭和田间土等量混合,或由腐熟粪和田间土按 3:7 比例混合而成。先浇透水,待水完全下渗后播种,每钵播种 3 粒～5 粒,播后盖细潮土,盖土厚度 0.5 cm。

育苗畦采用撒播方式,将种子均匀撒在畦面上,然后覆土镇压,出苗后立即间苗,以防止拥挤徒长。第一次间苗在子叶长足时,第二次间苗在具 2 片～3 片真叶时,按每 6 cm～7 cm 见方留苗 1 株,以便移栽时切坨。育苗播种时间,应比直播早 3 d～4 d。

7 定植

7.1 移栽定植

移栽苗,刨坑略大于钵体。移栽幼苗不宜过大,最大不应超过 8 片叶。根据移栽的早晚,分为小苗移栽和大苗移栽两种方式。

小苗移栽即在幼苗出土后不进行间苗,当具 2 片～3 片真叶时,3 株～4 株为一丛进行移栽。移栽起苗时挖小土坨,按预定的株距移栽到生产田里,移栽深度应与原来的土坨相平,边移栽边点水,栽完一块地后立即浇水,以保证成活。成活后间去多余的苗,以后管理方法和直播大白菜相同。

大苗移栽是在大白菜具 5 片～6 片叶时进行单株移栽,移栽前 1 d 应先在育苗畦内浇水,第 2 d 起苗,挖苗时要带 6 cm～7 cm 见方的土坨,以减少根部损伤。定植时先用花铲在定植畦内按规定株距挖穴,把幼苗栽在穴内,随即覆土封穴,栽后立即浇水,隔天再浇 1 次水,以利缓苗,待土壤适耕时及时中耕松土,缓苗后的管理方法同直播大白菜。

7.2 种植密度

春播行株距 50 cm×35 cm 左右;夏播行株距 50 cm×40 cm 左右;早熟品种行株距 50 cm×40 cm 左右,中熟品种行株距 55 cm×40 cm 左右,晚熟品种行株距 60 cm×50 cm 左右。生产上亦可根据品种特性确定栽培方式和密度。

定植时运苗、栽苗、浇水、覆土要细致,栽苗后灌 1 次透水,以不淹苗为宜。直播要早间苗、多次间苗、适当晚定苗。一般在幼苗 2 片真叶时进行间苗,当幼苗长到 4 片～6 片真叶时进行定苗。淘汰劣苗,缺苗应及时补栽。

8 田间管理

8.1 灌溉

灌溉水应符合 NY/T 391 的要求。播种或定植后应及时灌水,保证苗齐苗壮。定苗、定植或补栽后灌水,促进缓苗。莲座初期灌水促进发棵;包心初期结合追肥灌水,后期应适当控水促进包心,收获前 10 d 停止灌水。

8.1.1 秋冬季种植

定植后及时浇水,保持土壤湿度 70%～80% 为宜。要及时中耕。结合浇水追施尿素 15 kg/亩～20 kg/亩2 次。

8.1.2 早春种植

定植后浇定根水,及时中耕。10 d 和 15 d 后结合 2 次浇水追施尿素 15 kg/亩～20 kg/亩。生长期 3 d～5 d 浇水 1 次。生长期温度要保持在 10℃～20℃。

8.1.3 夏季定植

夏季定植一般是大田直播,水肥管理同上。播后 25 d～50 d 内拔大株、留小株,陆续收货。最终按 20 cm 的株距留苗。

8.2 施肥

肥料的选择应符合 NY/T 394 的要求。

基肥选用腐熟的有机肥和复合肥,根据地力情况施足基肥。建议中等肥力地块每亩施充分腐熟有机农肥 5 000 kg 左右、尿素 8.7 kg、过磷酸钙 50 kg、硫酸钾 12 kg。翻耕细耙、肥土混匀,并开沟作畦。

追肥以速效肥为主。早熟品种(包括春、夏播品种)一般追肥 2 次,分别在莲座期和结球始期,每次随水追施尿素 10 kg/亩～15 kg/亩。中、晚熟品种一般追肥 3 次,分别在定苗后、莲座期、结球前期,根据需肥规律,每次追施尿素 15 kg/亩～30 kg/亩。收获前 20 d 内不应使用速效氮肥。

8.3 病虫害防治

8.3.1 防治原则

应坚持"预防为主、综合防治"的原则,推广绿色防控技术,优先采用农业防治、物理防治和生物防治措施,配合使用化学防治措施。

8.3.2 常见病虫害

苗期主要病虫害:根肿病、黑腐病、蜗牛、蚜虫等。

生长期主要病虫害:霜霉病、软腐病、白斑病、黑斑病、菜青虫、蚜虫等。

8.3.3 防治措施

8.3.3.1 农业防治

选用无病种子及抗病优良品种;培育无病虫害壮苗;合理布局,实行轮作倒茬;注意灌水、排水,防止土壤干旱和积水;清洁田园、加强除草降低病虫源数量。

8.3.3.2 物理防治

采用黄板诱杀蚜虫、粉虱等;覆盖银灰色地膜驱避蚜虫;防虫网阻断害虫;频振式诱虫灯诱杀成虫。每亩宜悬挂黏虫板 50 个(黄板 30 个、蓝板 20 个),黏虫板应高出植株 10 cm;频振式诱虫灯每 15 亩悬挂1 个为宜。

8.3.3.3 生物防治

保护天敌,创造有利于天敌生存的环境条件,选择对天敌杀伤力低的农药;释放天敌,如扑食螨、寄生蜂等。保护与利用瓢虫、草蛉、食蚜蝇等防治蚜虫,菜青虫等可用赤眼蜂等天敌防治,用食螨小黑瓢虫防治叶螨等。选用植物源农药等生物农药防治,如利用昆虫性信息素诱杀害虫等,防治方法参见附录 A。

8.3.3.4 化学防治

农药的使用应符合 NY/T 393 的规定。常见病虫害化学防治方法参见附录 A。

8.4 中耕除草

一般进行 3 次中耕,趟垄 3 次～4 次。第 1 次中耕主要是除草,只用锄头在幼苗周围轻轻刮破土皮即可,不必用力深锄;第 2 次中耕在距幼苗 10 cm 范围内仍然轻刮地面,远处可以略深,其深度以 3 cm左右为宜;第 3 次中耕是在追一次肥和浇一次定苗水后,这次中耕要深浅结合,将有苗垄背进行浅锄,将行间的垄沟部分深锄 10 cm 左右,中耕后要结合培垄。

9 采收

采收应选择晴天进行。秋大白菜,早熟品种在国庆节前后收获完毕。中晚熟品种尽量延长生长期促进高产,但必须在第 1 次霜冻前抢收完毕。

9.1 采收适期及方法

9.1.1 大白菜成熟度达到 SB/T 10879 的要求,宜采收。

9.1.2 采收前 10 d,菜园停止灌水。气温低于−1℃时,可延迟 5 d～10 d 采收。

9.1.3 冷藏库储藏的大白菜,采收宜用刀砍除菜根,削平茎基部。通风窖储藏的大白菜,采收宜整株拔起,保留主根。

9.1.4 大白菜采收、运输和入储过程,应轻拿轻放,减少机械伤。

9.1.5 污染物限量应符合 GB 2762 的要求,农业最大残留限量应符合 GB 2763 的要求。

9.2 采后处理

大白菜采收后要求清洁、无杂物,外观新鲜,色泽正常,不抽薹,无黄叶、烧心、破叶、冻害和腐烂,茎基部削平、叶片附着牢固,无异味,无虫及病虫害造成的损伤。

在符合以上基本的前提下,大白菜按外观分为特级、一级和二级。按其单株质量分为大(L)、中(M)、小(S)3 个规格。各等级、规格划分应符合 NY/T 943 的要求。

10 生产废弃物处理

采收后应及时清洁田园,将切除的根部、老叶、黄叶、感病植株等残枝败叶清理干净,全部拉到指定的地点处理。采收后清理的地膜、杂草、农药包装盒等杂物也要拉到指定地点处理。

11 储藏

采收后,分品种拉运入库存放,按照 NY/T 658、NY/T 1056 和 SB/T 10158 的规定进行包装、储存与运输。

11.1 质量

用于储藏的大白菜,质量应达到 SB/T 10332 的要求。储藏时应按品种、规格分别储存。运输应符合 NY/T 1056、NY/T 2868 的规定。

11.2 储藏温度及湿度

冷藏库储藏时,适宜温度为 0℃～1℃,湿度为 85%～90%,库内堆码应保证气流均匀流通;窖藏时,注意窖内换气,根据气温变化,入储初期,注意通风散热,勤倒菜垛,防止脱帮,中期须保温防冻,减少倒垛次数,末期夜间通风降温,防止腐烂。另外,白菜储存不应与易产生乙烯的果实(如苹果、梨、桃、番茄等)混存。

11.3 储藏期限

冷藏库储藏期限一般为 5 个～6 个月,通风窖储藏期限一般为 3 个～4 个月。

12 生产档案管理

生产者需建立生产档案,记录品种、施肥、病虫草害防治、采收以及田间操作管理措施;所有记录应真实、准确、规范,并具有可追溯性;生产档案应有专人专柜保管,至少保存 3 年。

附　录　A

（资料性附录）

北方地区绿色食品大白菜主要病虫害化学防治方案

北方地区绿色食品大白菜主要病虫害化学防治方案见表 A.1。

表 A.1　北方地区绿色食品大白菜主要病虫害化学防治方案

防治对象	防治时期	农药名称	使用剂量	施药方法	安全间隔期,d
根肿病	移栽前	50%氟啶胺悬浮剂	267 g/亩～333 g/亩	喷雾	收获期
软腐病	发病初期	2%氨基寡糖素水剂	187.5 mL/亩～250 mL/亩	喷雾	—
白斑病	发病初期	70%乙铝·锰锌可湿性粉剂	130 g/亩～400 g/亩	喷雾	30
霜霉病					
黑斑病	病斑初见期	4%嘧啶核苷类抗菌素	400 倍液	喷雾	—
	发病初期	430 g/L 戊唑醇悬浮剂	15 mL/亩～18 mL/亩	喷雾	14
黑腐病	发病初期	6%春雷霉素可湿性粉剂	25 g/亩～40 g/亩	喷雾	21
蚜虫	发生初期	1%苦参碱可溶液剂	50 mL/亩～120 mL/亩	喷雾	—
		15%啶虫脒乳油	6.7 mL/亩～13.3 mL/亩	喷雾	14
	发生盛期	2.5%高效氯氰菊酯可湿性粉剂	20 g/亩～30 g/亩	喷雾	7
菜青虫	菜青虫2龄～3龄	4.5%高效氯氰菊酯水乳剂	45 mL/亩～56 mL/亩	喷雾	21
蜗牛	种子发芽时	6%四聚乙醛颗粒剂	500 g/亩～600 g/亩	拌土撒施	7
注:农药使用以最新版本 NY/T 393 的规定为准。					

绿色食品生产操作规程

LB/T 038—2018

北方地区
绿色食品设施黄瓜生产操作规程

2018-04-03 发布　　　　　　　　　　　　　2018-04-03 实施

中国绿色食品发展中心 发布

前　言

　　本规程由中国绿色食品发展中心提出并归口。

　　本规程起草单位：天津市绿色食品办公室、中国绿色食品发展中心、河南省绿色食品发展中心、天津市设施农业研究所、山西省农产品质量安全中心。

　　本规程主要起草人：王莹、张宪、杨小玲、任伶、张玮、张凤娇、马文宏、樊恒明、刘远航、刘烨潼、刘亚兵、王梦晓、周优、郭珠、王占文、高艳、和亮、马洪英、郭宇飞。

北方地区绿色食品设施黄瓜生产操作规程

1 范围

本规程规定了北方地区绿色食品设施黄瓜的产地环境、主要茬口与品种选择、育苗、整地与施基肥、定植、田间管理、采收与包装、生产废弃物处理、储藏与运输、生产档案管理。

本规程适用于北京、天津、河北、山西、山东、河南、陕西、甘肃、宁夏、新疆及内蒙古赤峰、辽宁南部、江苏北部、安徽北部的绿色食品设施黄瓜生产。

2 规范性引用文件

下列文件对于本文件的应用是必不可少的。凡是注日期的引用文件，仅注日期的版本适用于本文件。凡是不注日期的引用文件，其最新版本(包括所有的修改单)适用于本文件。

GB 16715.1　瓜菜作物种子　瓜类

NY/T 391　绿色食品　产地环境质量

NY/T 393　绿色食品　农药使用准则

NY/T 394　绿色食品　肥料使用准则

NY/T 658　绿色食品　包装通用准则

NY/T 747　绿色食品　瓜类蔬菜

NY/T 1056　绿色食品　储藏运输准则

3 产地环境

产地环境条件应符合 NY/T 391 的要求。选择地势高燥、排灌方便、土壤疏松肥沃、有机质丰富、pH 5.5～7.5、耕作层深 30 cm 以上的壤土或沙壤土地块，前茬 1 年～2 年未种过瓜类作物。

4 主要茬口与品种选择

4.1 日光温室主要茬口

春提早茬：不同地区可以根据气候条件决定定植期，山东至京津地区 1 月中下旬至 2 月上旬定植，3月上中旬始收。

早春：2 月中旬至 4 月上旬定植，3 月中旬至 5 月初始收。

秋延茬：8 月上中旬定植，9 月上旬始收，12 月拉秧。

越冬一大茬：9 月下旬至 10 月上中旬定植，10 月下旬至 11 月中旬开始采收，翌年 6 月拉秧。

4.2 大棚主要茬口

春茬：3 月中下旬至 4 月中旬定植，4 月下旬始收。

越夏茬：5 月上旬直播，6 月上旬始收。

秋延茬：7 月上旬直播，8 月上旬始收。

4.3 品种选择原则

根据种植区域和生长特点选择适合当地生长的优质品种，如越冬一大茬或早春茬黄瓜生产宜选择耐低温、耐弱光、抗病性强、高产优质的品种；越夏生产宜选用耐热、抗病毒病的品种。

4.4 品种选用

选用当地市场认可的瓜条、瓜瓤颜色和形状的品种，如津优 35、津优 36、津春 2 号等津优和津春系列；博耐 30、德瑞特 170、东美 405 等；中农 8 号、中农 26 等密刺型黄瓜品种；也可选用斯托克、戴多星、冬之光等小黄瓜品种。

5 育苗

5.1 种子处理

种子质量应符合 GB 16715.1 的要求。播种前去除瘪粒、小粒、破损粒和杂质,室内晾晒 2 d,可以进行育苗播种或直播于田间。温汤浸种,用清洁的小盆装入种子体积 5 倍的 55℃温水,将种子放入水中,不断搅动种子至水温 30℃,再浸泡 4 h~6 h。用清水投洗几遍,装入纱布袋,放在 28℃~30℃处催芽 24 h 左右。

5.2 播种

采用穴盘育苗或田间直播。

5.2.1 播种量

黄瓜种子千粒重为 20 g~25 g,育苗和定植过程中要淘汰畸形、瘦弱苗,加上损耗,每亩应培育 3 500 株苗,用种量 100 g 左右。

5.2.2 穴盘育苗

催芽出芽后播种于 50 穴穴盘或营养钵,然后覆盖营养土,上面盖地膜保湿提温。当 80%出苗时撒下地膜。子叶破土前的育苗环境条件为白天 28℃~30℃,夜间 20℃。子叶破土后,白天的适宜温度为 28℃~30℃,夜间为 14℃~16℃。温室黄瓜育苗主要是调节温度、光照和水分。调节温度靠通风和保温,白天气温超过 30℃时要通风换气,低于 25℃时应关闭窗户;夜间最低气温保持在 10℃以上,同时,用保温被调节光照时间。

5.2.3 田间直播

按株、行距定穴,播种深度 1 cm,然后覆土。要根据种子的出芽率确定每穴播种的粒数,或者在浸种催芽后播种以减少用种量。

5.3 嫁接育苗

5.3.1 嫁接砧木

嫁接育苗以黑籽南瓜做砧木,采用插接或靠接进行嫁接育苗。插接法黄瓜晚播 1 d~2 d,采用顶插接;靠接法用营养钵育苗,黄瓜先播种 5 d~6 d。

5.3.2 嫁接方法

5.3.2.1 靠接

待南瓜播种 10 d 左右第 1 片真叶初展,黄瓜播种 15 d 左右开始嫁接。挖出南瓜和黄瓜幼苗,去掉南瓜顶心,用刀片在南瓜生长点下 0.5 cm~1 cm 处向下斜切一刀,角度 35°~40°,深为茎粗的 2/5,在黄瓜生长点下 1 cm~1.2 cm 处向上斜切一刀,角度 30°,深为茎粗的 3/5,然后接合,使黄瓜叶压在南瓜叶上面,互为"十"字形,用塑料夹固定,7 d~10 d 接口愈合后,切断黄瓜根。

5.3.2.2 顶插接

待南瓜播种 10 d 左右第 1 片真叶初展,黄瓜播种 8 d~10 d,子叶即将展开时开始嫁接。去除砧木顶心,插入嫁接签,嫁接签紧贴子叶叶柄中脉基部向另一子叶叶柄基部成 45°左右斜插,插孔深度为嫁接签稍穿透破砧木下胚轴皮层,嫁接签暂不拔出。削接穗,拔取接穗苗,距子叶基部下方 0.5 cm~1.0 cm 处,斜削一刀,斜面长 0.7 cm~1.0 cm。将接穗插入到砧木中,拔出嫁接签将接穗斜削面向下插进砧木插孔,接口紧实,砧木子叶与接穗子叶交叉成"十"字形。

5.3.3 嫁接苗管理

将嫁接苗置于苗床中,扣小拱棚保湿遮阳,棚内温度白天 25℃~28℃、夜间 18℃~20℃,3 d 逐渐撒去遮阳物,7 d 后实行全天见光。

5.4 炼苗

定植前 7 d,冬春育苗,保持白天 20℃～23℃,定植前 3 d～5 d,夜间气温可降至 5℃左右。夏秋季育苗,适当控制水分,逐渐减少遮阳网覆盖率,直到不覆盖。

6 整地与施基肥

6.1 整地

选择前茬为非瓜类作物的温室或大棚,要求土壤肥沃、保肥、保水、排灌方便。

前茬作物生产结束后,清除残株落叶杂草等,施足有机肥、深翻旋地、做畦浇足水,然后关闭棚膜进行高温消毒 20 d 以上。高温消毒后再次旋地、细耙,做 20 cm 的高畦。秋冬茬推荐做高畦后铺设滴灌管,采用滴灌方法浇水施肥。早春茬口在整地做畦后,铺盖地膜,提高地温。

6.2 施足基肥

施肥应符合 NY/T 394 的要求。每亩用量根据土壤的肥沃程度和有机肥类型确定,一般每亩用3 000 kg～4 000 kg 商品有机肥或生物有机肥,或每亩用 4 000 kg～5 000 kg 充分腐熟的农家肥。化肥每亩可选用三元复合肥 10 kg～30 kg、钙肥 5 kg～10 kg(碱性土壤用过磷酸钙,酸性土壤用钙镁磷肥)、硫酸钾 20 kg～30 kg。

7 定植

选择壮苗定植。壮苗的标准是:3 片～4 片叶,10 cm～13 cm 株高,冬春季育苗的苗龄为 30 d 左右,夏秋季育苗的苗龄 20 d 左右,子叶绿色完好,真叶茎叶和叶柄夹角呈 45°,叶片平展,叶色深绿,有光泽,叶片厚,叶缘缺刻多、先端尖,叶脉粗。

黄瓜亩栽 2 200 株～2 500 株,行株距 75 cm×40 cm 或 90 cm×30 cm。定植深度:栽下的苗坨上表面与垄面齐平。

8 田间管理

8.1 环境调控

8.1.1 生长期对环境要求

黄瓜喜温、光、湿,不耐旱,怕涝,积水易沤根产生涝害。生育期空气适温白天 25℃～32℃,夜间15℃～18℃,昼夜温差 10℃～15℃为宜;适宜地温 20℃～25℃,不能低于 12℃。适宜土壤湿度为85%～90%,空气湿度 70%～90%。光补偿点为 1 500 lx,光饱和点为 55 000 lx,在光饱和点以内,随着光照的增加,光合作用增强。

8.1.2 环境调控

越冬茬黄瓜要加强通风换气,一般在卷起保温被后 1 h 可通风 20 min 排湿,然后关闭通风口提温;中午可再次打开通风口通风,通风时间长短视温室内的温度而定,温度高则通风时间长,温度低则缩短通风时间。阴天温度低时,可提早盖上保温被。

早春茬黄瓜根据黄瓜不同的生育阶段灵活掌握,初期宜高,中、后期适当降温,可以通过通风调节温度。

8.2 灌溉

8.2.1 灌溉原则

黄瓜根系较浅,宜少量多次。

8.2.2 春提早茬和春茬设施黄瓜

定植水和缓苗水:早春茬黄瓜定植时要浇小水,避免因水量过大造成地温下降、沤根;缓苗水在定植3 d～7 d 后浇。随着天气转暖,定植水和缓苗水可适当增加水量。

缓苗至根瓜采收前:蹲苗,控制浇水。如果墒情差,酌情轻浇。

根瓜采收后盛果期:需水量增多,根据土壤的干湿情况浇水,保持土壤含水量75%～85%。结瓜早期,气温较低,需水量少。壤土或黏壤土,利用滴灌浇水每7 d浇1次水,每次每亩5 t～7 t。随着温度升高,需水量增加,滴灌浇水每3 d～4 d浇1次水,每次每亩7 t～10 t。

8.2.3 夏秋茬、秋延茬

定植水:浇大水,亩浇水量30 t～40 t。

缓苗水:定植后3 d浇缓苗水,根据土壤干湿程度决定浇水量,亩浇水7 t～10 t。

缓苗后到根瓜采收之前:控制浇水进行蹲苗,促进根系发育,增强植株抗逆性。如果墒情差,酌情轻浇。

根瓜采收后:气温较高时,每3 d～4 d浇1次水,每次每亩浇4 t～6 t;随着气温下降,浇水间隔时间延长,每7 d～10 d浇1次水,每次每亩浇3t左右。进入11月后,15 d～20 d浇1次水,浇水应选在晴天上午进行。

深冬季节:少浇水、浇小水,连阴天前以及连阴天不浇水,浇水必须在晴天上午进行。气候条件不好的情况有可能1个月都不能浇水。

8.3 合理追肥

施肥应符合NY/T 394的要求。黄瓜根系浅,追肥应当勤施轻施。

缓苗到根瓜采收之前一般不施肥,但如果地力差,可以追施一次。应使用N∶P∶K＝1∶1∶1的水溶性复合肥或尿素5 kg/亩。

根瓜采收后,结合灌水开始第1次追肥,滴灌每亩施3 kg/亩～4 kg/亩水溶性复合肥,膜下沟灌每亩施5 kg/亩～7.5 kg/亩复合肥。

盛瓜期:盛瓜期需要较多的钾元素,可施含钾量高的水溶性复合肥。两水之间施1次肥,滴灌每次追施2 kg/亩～4 kg/亩的水溶性复合肥,沟灌每次追施5 kg/亩～7.5 kg/亩复合肥。深冬季节:少施化肥,可冲施腐殖酸、氨基酸类等肥料,促进根系生长。

8.4 植株调整

在植株展蔓前开始吊蔓。在每行黄瓜上方顺向拉设铁丝,把尼龙线上端绑在铁丝上,下端缠绕在秧苗子叶下部。随着植株的伸长,不断将瓜蔓缠绕在吊绳上。及时摘除侧枝和卷须,避免消耗养分。

黄瓜进入结果后期,应及时摘除老叶、黄叶和病叶,减少氧分消耗,利于通风透光。

8.5 病虫害防治

8.5.1 防治原则

坚持预防为主、综合防治的原则,推行绿色防控技术,优先采用农业防治、物理防治和生物防治措施,配合使用化学防治措施。

8.5.2 常见病虫害

主要病害:苗期立枯病、生育期白粉病、霜霉病、细菌性角斑病、灰霉病、枯萎病。

主要虫害:白粉虱、蚜虫、美洲斑潜蝇、蓟马。

8.5.3 防治措施

8.5.3.1 农业防治

选择综合抗逆性强的品种;合理轮作,不与瓜类作物重茬;消除田间杂草,减少病源、虫源;定植前进行土壤和设施内空间消毒;嫁接育苗;培育壮苗;加强通风,降低湿度。

8.5.3.2 物理防治

阳光晒种,温汤浸种,夏季灌水高温闷棚;通风口使用60目的防虫网防虫;使用杀虫灯,悬挂黄色、蓝色黏虫板诱杀白粉虱和蓟马,每亩宜悬挂黏虫板60个(黄色蓝色各30个)。

8.5.3.3 生物防治

提倡利用自然天敌如瓢虫、草蛉、蚜小蜂等对蚜虫自然控制。使用植物源农药、农用抗生素、生物农药等防治病虫,防治方法参见附录A。

8.5.3.4 化学防治

农药使用应符合 NY/T 393 的要求。主要病虫害化学防治方案参见附录 A。

9 采收与包装

适时早采根瓜，及时分批采收，产品质量应符合 NY/T 747 的要求。采收后应按大小、形状、品质进行分类分级，分别包装。包装应符合 NY/T 658 的要求。

10 生产废弃物处理

生产过程中及时清除老叶、病叶等残体。黄瓜落秧前摘除的老叶、病叶以及拉秧后将植株连根拔起的植株残体全部拉到指定的地点处理。拉秧后清理的地膜、杂草、农药包装盒等杂物也要拉到指定地点处理。

11 储藏与运输

储藏与运输应符合 NY/T 1056 的要求，适宜的储藏温度为 10℃～13℃，空气相对湿度保持在 90%～95%。库内对码应保证气流均匀流通。运输前应进行预冷，运输过程中注意防冻、防雨、防晒、通风散热。

12 生产档案管理

生产者需建立生产档案，记录品种、施肥、病虫草害防治、采收以及田间操作管理措施；所有记录应真实、准确、规范，并具有可追溯性；生产档案应有专人专柜保管，至少保存 3 年。

附　录　A

（资料性附录）

绿色食品设施黄瓜生产主要病虫害化学防治方案

绿色食品设施黄瓜生产主要病虫害化学防治方案见表 A.1。

表 A.1　绿色食品设施黄瓜生产主要病虫害化学防治方案

防治对象	防治时期	农药名称	使用剂量	施药方法	安全间隔期,d
立枯病	苗期病发生期	70%噁霉灵可湿性粉剂	1.25 g/m² ~ 1.75 g/m²	喷雾	—
白粉病	发病初期	250 g/L吡唑醚菌酯乳油	20 mL/亩 ~ 40 mL/亩	喷雾	2
		250 g/L嘧菌酯悬浮剂	60 mL/亩 ~ 90 mL/亩	喷雾	10
霜霉病	发病初期	50%烯酰吗啉可湿性粉剂	35 g/亩 ~ 40 g/亩	喷雾	3
		20%乙蒜素乳油	70 g/亩 ~ 87.5 g/亩	喷雾	5
细菌性角斑病	发病初期	2%春雷霉素水剂	140 mL/亩 ~ 175 mL/亩	喷雾	4
		77%氢氧化铜可湿性粉剂	150 g/亩 ~ 200 g/亩	喷雾	3
灰霉病	发病初期	50%啶酰菌胺水分散粒剂	33 g/亩 ~ 47 g/亩	喷雾	2
		40%嘧霉胺可湿性粉剂	63 g/亩 ~ 94 g/亩	喷雾	3
枯萎病	发病初期	3%氨基寡糖素水剂	600 倍 ~ 1 000 倍	灌根	10
		50%甲基硫菌灵悬浮剂	60 g/亩 ~ 80 g/亩	喷雾	2
白粉虱	发生初期	10%吡虫啉可湿性粉剂	10 g/亩 ~ 20 g/亩	喷雾	7
	发生期高峰期	25%噻虫嗪水分散粒剂	10 g/亩 ~ 12 g/亩	喷雾	5
蚜虫	低龄若虫发生期	50%吡蚜酮水分散粒剂	10 g/亩 ~ 15 g/亩	喷雾	3
	发生初期	1.5%苦参碱可溶液剂	30 g/亩 ~ 40 g/亩	喷雾	10
美洲斑潜蝇	产卵盛期至幼虫孵化初期	10%灭蝇胺悬浮剂	100 mL/亩 ~ 150 mL/亩	喷雾	3
蓟马	发生始盛期	20%啶虫脒可溶液剂	7.5 mL/亩 ~ 10 mL/亩	喷雾	2
注:农药使用以最新版本 NY/T 393 的规定为准。					

绿 色 食 品 生 产 操 作 规 程

LB/T 055—2020

北 方 地 区
绿色食品鲜食玉米生产操作规程

2020-08-20 发布　　　　　　　　　　　　2020-11-01 实施

中国绿色食品发展中心 发布

前　言

本规程由中国绿色食品发展中心提出并归口。

本规程起草单位：天津市农业发展服务中心、中国农业科学院作物科学研究所、中国绿色食品发展中心、河南省绿色食品发展中心、农业农村部乳品质量监督检验测试中心、天津农垦宏达有限公司、天津市蓟州区绿色食品发展中心、中国标准化研究院、吉林省绿色食品办公室、黑龙江省农垦绿色食品办公室、黑龙江省绿色食品发展中心、宁夏农产品质量安全中心、新疆维吾尔自治区农产品质量安全中心。

本规程主要起草人：张玮、郑成岩、张宪、张凤娇、刘烨潼、任伶、王莹、马文宏、樊恒明、徐熙彤、李卓、杜兰红、邓艾兴、杨青、杨冬、吕德方、刘培源、常跃智、杨玲、杨鸿炜。

北方地区绿色食品鲜食玉米生产操作规程

1 范围

本规程规定了北方地区绿色食品鲜食玉米生产的产地环境、品种选择、整地与播种、田间管理、采收与保鲜加工、生产废弃物处理、储藏与运输和生产档案管理。

本规程适用于北京、天津、河北、山西、内蒙古、辽宁、吉林、黑龙江、江苏北部、安徽北部、山东、河南北部、四川北部、陕西北部、甘肃北部、宁夏及新疆等地区的绿色食品鲜食玉米生产。

2 规范性引用文件

下列文件对于本文件的应用是必不可少的。凡是注日期的引用文件，仅注日期的版本适用于本文件。凡是不注日期的引用文件，其最新版本（包括所有的修改单）适用于本文件。

GB 4404.1　粮食作物种子

NY/T 391　绿色食品　产地环境质量

NY/T 393　绿色食品　农药使用准则

NY/T 394　绿色食品　肥料使用准则

NY/T 658　绿色食品　包装通用准则

NY/T 1056　绿色食品　储藏运输准则

NY/T 1118　测土配方施肥技术规范

3 产地环境

产地环境条件应符合 NY/T 391 的规定，选择在无污染和生态条件良好的地区。基地地块应肥力较高，耕层深厚，保水保肥，灌排便利，土壤耕作层宜大于 20 cm。与其他玉米品种应设有隔离带，防止混杂。单季鲜食玉米区域可采用与周边其他玉米错期种植的方式，以花期差在 30 d 左右为宜；小麦和鲜食玉米两熟区域可采用设置隔离区方式，如种植树木距离 100 m 以上或种植高秆作物距离 300 m 以上。

4 品种选择

4.1 选择原则

种子质量应符合 GB 4404.1 的规定。根据生态条件，因地制宜选用经过国家或者北方地区省级农作物品种审定委员会审定，优质、高产、稳产、抗病、抗倒的鲜食玉米品种。种子的纯度不低于 95%，净度不低于 99%，发芽率不低于 90%，种子含水量不高于 13%。

4.2 品种选用

选择的品种生育期要与当地光热资源相匹配的鲜食玉米良种，主要选用甜玉米和糯玉米品种，其中甜玉米可选用米哥 903、夏丰 228 等；糯玉米可选用黄糯 1 号、垦糯 1 号、万糯 2000 等。

5 整地与播种

5.1 整地

单季鲜食玉米的农田，建议上茬作物秸秆粉碎还田，播种前要进行深耕晒田，使耕层土壤深、松、平、细。

小麦和鲜食玉米两熟的农田，小麦成熟后，用联合作业机械收获小麦，同时将小麦秸秆切碎均匀撒到田间,秸秆切碎后的长度在 5 cm～8 cm,割茬高度小于 10 cm,漏切率小于 2％。前茬小麦收获后,进行灭茬、施肥、旋耕等精细作业。

5.2 播种

5.2.1 种子处理

5.2.1.1 晒种

播种前 10 d 将玉米种子晾晒 2 d～3 d,提高种子发芽势和出苗率,建议 100 kg 种子用 70％噻虫嗪可分散粉剂 200g 进行拌种。

5.2.1.2 发芽率实验

种子处理完成后,播前 7 d 进行 1 次发芽率试验,保证种子的发芽率达 90％以上。

5.2.2 播种期

播种期的选择应根据种植区域气候季节、品种特性,结合鲜食玉米的供应时间,采取分期播种的方式。一般情况下,露地播种在地下 5 cm～10 cm,地温稳定在 10℃左右时,即可进行播种。采用地膜覆盖可提前 7 d 左右播种。

5.2.3 播种量

根据品种特性和种植密度,适当密植,一般种植密度 3 000 株/亩～4 500 株/亩。

5.2.4 播种方式

采用筑畦或起垄条播的种植方式,等行距一般应为 60 cm,大小行一般大行距 80 cm,小行距 40 cm,镇压后播种深度 3 cm～5 cm。

6 田间管理

6.1 补苗、间苗

出苗后及时查苗补种,在玉米刚出苗时,将种子浸泡 8 h～10 h,捞出晾干后,抢时播种;或在玉米 3 片～4 片可见叶间苗时,带土挖苗移栽。拔节期,及时拔除小株、弱株及分蘖株,提高玉米生长整齐度,培育合理玉米群体。

6.2 灌排

一般年份,北方区域的鲜食玉米生育期降水与生长需水同步,不进行灌溉。除遇特殊旱情,鲜食玉米关键生育期田间土壤相对含水量低于 60％时,应及时灌水 40 m³/亩。鲜食玉米灌溉建议采用微喷灌的节水灌溉方式。鲜食玉米苗期如遇到连续降雨,要及时在田间开沟,排出田间积水。

6.3 施肥

提倡增施有机肥,控施化肥,合理施用中量和微量元素肥料。施用的肥料应符合 NY/T 394 的规定。施肥量应按照 NY/T 1118 进行测土配方施肥,根据土壤肥力状况,确定施肥量和肥料比例。一般每亩施腐熟有机肥 1 000 kg～1 500 kg,每亩总施肥量:尿素 8 kg～10 kg、磷酸二铵 10 kg～12 kg、硫酸钾 6 kg～8 kg、硫酸锌 1.0 kg～1.5 kg。全部有机肥、磷肥、钾肥、锌肥作底肥,氮肥的 40％作底肥,结合整地一次性施入。剩余的 60％的氮肥在鲜食玉米大喇叭口期追施。追肥方式为在距玉米根 8 cm～10 cm 处开沟深施,追肥深度为 10 cm～15 cm。

6.4 人工辅助授粉

可采用人工辅助授粉,以减少秃尖、缺粒,一般在盛花末期的晴天 9:00～11:00,人工用竹竿或者绳子拉动植株上部,以增加鲜食玉米授粉率。

6.5 病虫草害防治

病虫草害防治应坚持预防为主、综合防治的原则,按照生产地常见病虫草害发生的特点,推广绿色防控技术,优先采用农业防治、物理防治和生物防治措施,有限度地使用化学防治措施。

6.5.1 主要病虫草害

鲜食玉米主要病害有大斑病、小斑病、锈病等;害虫有玉米螟、棉铃虫、二点委夜蛾、黏虫、蛴螬、地老虎等;杂草有狗尾草、牛筋草、马齿苋等。

6.5.2 病虫害防治

6.5.2.1 农业防治措施

推广种植抗病虫、抗逆性好的鲜食玉米品种,合理密植、合理水肥管理,培育健壮植株,提高田间通透度,增强植株抗病能力。玉米收获后进行秸秆粉碎深翻或腐熟还田处理,降低翌年病虫基数。

6.5.2.2 物理防治措施

根据害虫的趋光习性,在成虫发生期,田间设置黑光灯、频振式杀虫灯、糖醋液、色板、性诱剂等方法诱杀害虫。灯光诱杀采用频振式杀虫灯每15亩架设1盏,设置自动控制系统,在20:00开灯,翌日2:00关灯,可以诱杀玉米螟、棉铃虫、二点委夜蛾、黏虫等害虫。

6.5.2.3 生物防治措施

依据田间调查及预测预报,利用自然天敌,释放赤眼蜂防治玉米螟,释放瓢虫防治蚜虫,选用白僵菌对冬季堆垛秸秆内越冬玉米螟进行无害化处理;选用植物源农药等生物农药防治病虫害。

6.5.2.4 化学防治措施

一般情况下,不使用化学农药防治病虫草害,禁止在鲜食玉米采收期使用化学农药。加强田间病虫害发生的监测,在病虫害发生较为严重时,可适时适量采取化学农药防治。农药的使用应符合NY/T 393的规定。防治玉米大斑病,可在抽雄后每亩用吡唑醚菌酯40 mL~50 mL,兑水100 kg,在达到防治指标时开始喷药;间隔7 d~10 d喷药1次,连续喷2次~3次。防治玉米螟,在心叶期,有虫株率达5%~10%时,用辛硫磷0.5 kg~1 kg,拌入50 kg~75 kg过筛的细沙制成颗粒剂,投撒入玉米心叶内。病虫害具体化学防治方案参见附录A。

6.5.3 草害防治

6.5.3.1 农业防治措施

播种前,对种子进行精细清选,要使用腐熟的有机肥以有效清除有机肥中掺杂的杂草种子,防止杂草种子混入农田。鲜食玉米苗期和拔节期,及时进行中耕除草。苗期中耕宜浅,一般5 cm左右;拔节期中耕应深,一般10 cm左右。

6.5.3.2 化学防治措施

以人工机械中耕除草为主,有限度地使用化学防治田间杂草。农药的使用应符合NY/T 393的要求。加强田间杂草发生的监测,根据杂草的类别,选择除草剂种类,准确控制用量和施药时期。播种后出苗前3 d,墒情好时可每亩用33%二甲戊灵乳油150 mL~200 mL,兑水15 kg~20 kg进行封闭式喷雾,喷雾时倒退行走;墒情差时,于玉米幼苗3叶~5叶期每亩用20%硝磺草酮可分散油悬浮剂42.5 mL~50 mL兑水40 kg~50 kg喷雾,喷雾时要喷在行间杂草上,谨防喷到玉米心叶中。喷药时一定要均匀,做到不重喷、不漏喷。杂草具体化学防治方案参见附录A。

7 采收与保鲜加工

7.1 收获时间

鲜食玉米的果穗苞叶青绿,包裹较紧,花丝枯萎转至深褐色,籽粒体积膨大至最大值,色泽鲜艳,挤压籽粒有乳浆流出为采收标准。一般以鲜食玉米吐丝后18 d~25 d,籽粒含水量为66%~71%(乳熟期)时采收为宜;若以加工罐头为目的的可早收1 d~2 d;以出售鲜穗为主的可晚收1 d~2 d,最佳采收期7 d左右。

7.2 收获方法

在早上(9:00前)或傍晚(16:00后)采用站秆人工收获,不可地面堆放,收获的果穗要单收、单运、单放、单储,防止与非绿色食品玉米混杂。秋季冷凉季节采收时间可适当放宽,以防止果穗在高温下暴晒、水分蒸发,影响甜玉米品质保鲜。

7.3 保鲜加工

7.3.1 速冻鲜食玉米

用于速冻的鲜食玉米,采摘期应在乳熟中期为最佳,应在采摘后 24 h 内加工。采收后,去除苞叶、剔除花丝、切掉顶端过嫩部分和穗柄,放入 90℃～98℃的水中蒸煮 5 min～10 min。蒸煮后,应立即进行冷却,可先放在 10℃～15℃的凉水中预冷,当玉米温度降至 30℃后,再放入 0℃～5℃的水中冷却,至玉米温度降到 5℃以下;然后进行速冻处理,要求玉米棒中心温度在－18℃以下,冻结时间 8 min～15 min。速冻后的鲜食玉米果穗采用分穗包装,可在－18℃环境中长期保存。加工水质量应符合 NY/T 391的规定。

7.3.2 真空软包装鲜食玉米

采摘过程中去除过老、过嫩和病虫害严重的果穗,采收后,去除苞叶,剔除花丝、切掉顶端过嫩部分和穗柄,放入 80℃～100℃的水中蒸煮 8 min～15 min。蒸煮后,进行冷却至玉米温度降到 50℃以下即可装袋并进行真空密封。真空软包装的鲜食玉米果穗常温下保质期为 6 个月以上。所用包装材料应采用单一材质的材料,方便回收或可生物降解的材料,符合 NY/T 658 的要求。

8 生产废弃物处理

除草剂、杀虫剂、种衣剂及包衣种子的包装物禁止乱扔,也不应重复使用,包装物分类收集,集中处理。农药空包装物应多次清洗,再将其损坏,以防止重复使用,要回收的需及时贴上标签,便于回收处理。尽量减少使用地膜或选择质量较好的地膜重复使用,在翻地、整地时要及时用耙子收集残留地膜,严禁焚烧地膜,减少农田污染。玉米收获后,应及时粉碎秸秆还田,以培肥地力,严禁焚烧秸秆。秸秆切碎后的长度为 3 cm～5 cm,割茬高度小于 5 cm,漏切率小于 2%。

9 储藏与运输

9.1 库房质量

库房符合 NY/T 1056 的要求,到达屋面不漏雨,地面不返潮,门窗能密闭,具有坚固、防潮、隔热、通风和密闭等性能。库房内温度必须保持在 4℃以下,相对湿度应控制在 65% 以下。鲜食玉米可以在采收后存放库房 1 d～2 d。

9.2 运输

在运输过程中禁止与其他有毒有害、易污染环境等物质一起运输,以防污染。

10 生产档案管理

建立绿色食品玉米生产档案。应详细记录产地环境条件、生产技术、肥水管理、病虫草害的发生和防治、采收及采后处理等情况并保存记录 3 年以上。

附　录　A
（资料性附录）
北方地区绿色食品鲜食玉米生产主要病虫草害防治方案

北方地区绿色食品鲜食玉米生产主要病虫草害防治方案见表 A.1。

表 A.1　北方地区绿色食品鲜食玉米生产主要病虫草害防治方案

防治对象	防治时期	农药名称	使用剂量	使用方法	安全间隔期,d
玉米大斑病	抽雄期	25%吡唑醚菌酯悬浮剂	40 mL/亩～50 mL/亩	喷雾	7
黏虫、玉米螟	心叶期	1.5%辛硫磷颗粒剂	500 g/亩～1 000 g/亩	拌入 50 kg～75 kg 细沙制成颗粒剂,投撒入玉米心叶内	7
	卵孵化高峰期	5%氯虫苯甲酰胺悬浮剂	16 mL/亩～20 mL/亩	喷雾	21
蚜虫	播种前	600 g/L 吡虫啉悬浮种衣剂	100 kg 种子 800 g～1 000 g	种子包衣	—
杂草	播种后	33%二甲戊灵乳油	150 mL/亩～200 mL/亩	喷雾	7
	玉米幼苗 3 叶～5 叶	20%硝磺草酮可分散油悬浮剂	42.5 mL/亩～50 mL/亩	喷雾	15

注:农药使用以最新版本 NY/T 393 的规定为准。

绿 色 食 品 生 产 操 作 规 程

LB/T 075—2020

黄淮海及环渤海湾地区
绿色食品日光温室豇豆生产操作规程

2020-08-20 发布

2020-11-01 实施

中国绿色食品发展中心 发布

前　言

本规程由中国绿色食品发展中心提出并归口。

本规程起草单位:天津市农业发展服务中心、山东农业工程学院、中国绿色食品发展中心、河南省绿色食品发展中心、农业农村部乳品质量监督检验测试中心、天津农垦宏达有限公司、天津市蓟州区绿色食品发展中心、北京市农业绿色食品办公室、安徽省亳州市农副产品管理办公室、山西省农产品质量安全中心。

本规程主要起草人:王莹、刘文宝、刘艳辉、刘烨潼、任伶、张凤娇、马文宏、张玮、樊恒明、徐熙彤、刘晓宇、张磊、周优、张凤媛、李浩、段曦、王森、秦香苗、杨鸿炜。

黄淮海及环渤海湾地区绿色食品日光温室豇豆生产操作规程

1 范围

本规程规定了黄淮海及环渤海湾地区绿色食品日光温室豇豆的产地环境、茬口安排、品种选择、播种育苗、定植、田间管理、病虫草害防治、采收、生产废弃物处理、包装储运和生产档案管理。

本规程适用于北京、天津、河北、山西、内蒙古（赤峰和乌兰察布地区）、辽宁东西南部、江苏中北部、安徽中北部、山东、河南等地区的绿色食品日光温室豇豆的生产。

2 规范性引用文件

下列文件对于本文件的应用是必不可少的。凡是注日期的引用文件，仅注日期的版本适用于本文件。凡是不注日期的引用文件，其最新版本（包括所有的修改单）适用于本文件。

NY/T 391 绿色食品 产地环境质量

NY/T 393 绿色食品 农药使用准则

NY/T 394 绿色食品 肥料使用准则

NY/T 658 绿色食品 包装通用准则

NY/T 748 绿色食品 豆类蔬菜

3 产地环境

产地环境质量应符合 NY/T 391 的要求。产地应选择地势高燥、排灌方便、地下水位低的田块，中性或微酸、微碱性土壤皆可，以土层深厚、富含有机质、疏松肥沃的沙壤土为宜。基地应日照充足、交通方便且相对集中成片，与常规生产区域之间设置有效的缓冲带或物理屏障。

4 茬口安排

温室保温性能较好，可根据各地实际，灵活把握。在黄淮海和环渤海湾地区温室豇豆一般栽培 3 个茬口：早春茬、越夏茬、秋冬茬。早春茬一般在 2 月上中旬播种育苗，3 月上中旬定植（或者直播），5 月上中旬开始收获，6 月下旬至 7 月中下旬拉秧；越夏茬，4 月播种，8 月～9 月拉秧；秋冬茬 7 月～8 月播种，12 月至翌年 1 月拉秧。

5 品种选择

5.1 品种选择原则

选择适合当地环境条件、优质、高产、抗病、抗逆性强、商品性好、符合目标市场消费习惯的蔓生品种。

早春茬栽培选用早熟、耐低温弱光、持续结果能力强等品种；越夏茬栽培选用高抗病毒病、耐高温强光、光周期反应不敏感的品种；秋冬茬栽培选用高抗病毒病、温度适宜性强、光周期反应不敏感、结果集中的品种。

5.2 品种选用

早春茬栽培的适宜品种有：之豇特早 30、之豇特长 80、早生王、上海 33-47、青凤豇豆、珍玉绿秀、珍玉极早生、之豇 28-2、张塘豆角、精品剑王等。

越夏栽培的适宜品种有：朝研 901、双丰 1 号、高产 4 号、青龙、赤裕 8 号等。

秋冬茬栽培的适宜品种有：秋丰、赤裕 3 号、大连 8 号、赤裕 8 号、秋研 518、荚荚乐 1 号、荚荚乐 2

号、青山绿水、青龙、珍玉油豇等。

6 播种育苗

6.1 播种量

每亩栽培面积的用种量育苗为 2 kg~3 kg,直播 3 kg~4 kg。

6.2 种子质量

种子质量指标应达到:纯度≥96%、净度≥98%、发芽率≥80%、含水量≤12%。

6.3 种子处理

播前进行选种,剔除饱满度差、虫蛀、破损和霉变的种子,进行晒种 1 d~2 d 后,用 50℃~55℃温水烫种,不断搅拌至 30℃后,浸种 1 h~2 h 后,捞出晾干待播。

6.4 育苗

温室栽培豇豆宜采用育苗移栽,越夏、秋延迟栽培也可采用直播的方法。育苗设施应选择温室,塑料大、中拱棚或小拱棚等设施。

6.4.1 穴盘选择与消毒

宜采用营养钵或 50 孔穴盘进行基质育苗,重复利用的需进行消毒。消毒方法:将穴盘在 2%次氯酸钠水溶液中浸泡 2h,取出,清水冲淋,晾晒备用。

6.4.2 基质选择

一般选用商品基质,或者用草炭、蛭石及珍珠岩三者体积比按 3∶1∶1 的比例进行混匀自配基质。基质应具有良好的保水性、保肥性和通气性,酸碱度适中,不含病原菌、虫卵和草籽。

6.4.3 播种

播种前,在营养钵或穴盘的孔中心压 2 cm 左右深的小穴,每穴放入 2 粒~3 粒经处理过的种子,播种后用基质覆盖,然后浇透水,穴盘表面用地膜覆盖保湿。

6.4.4 苗期管理

6.4.4.1 光照管理

当有 70%的种子出土后,应及时揭去覆盖穴盘的地膜。幼苗出土后,应增强光照,保持每天 10 h~11 h 的充足光照。

6.4.4.2 温度管理

早春育苗播后出苗前室内温度白天应达到 25℃~28℃,夜间 16℃~18℃;出土后白天气温应保持 20℃~25℃,夜间不低于 15℃,使幼苗长势平衡;定植前 5 d~7 d 降温炼苗,白天 15℃~18℃,夜间气温 12℃~15℃。夏季育苗注意用遮阳网等降温,用防虫网等预防病毒病,控制幼苗旺长。

6.4.4.3 水肥管理

出苗后保持基质最大含水量的 60%~85%,根据幼苗长势和基质水分情况及时补充水分,春季灌溉宜在晴天的上午进行,夏季灌溉宜在早晚进行。一般苗期不用追肥,若苗叶色发黄缺肥时可用 0.2%~0.3%磷酸二氢钾溶液或 0.2%尿素溶液进行叶面喷雾。

6.4.4.4 炼苗

定植前 5 d~7 d 开始炼苗。具体措施有加大通风量降温、适当控制浇水和延长见光时间等。

6.4.4.5 壮苗标准

苗龄 30 d 左右,具 2 片~3 片复叶,叶片深绿、无病虫,子叶完整无损,节间短、根系完好、不散坨。

7 定植

7.1 定植前准备

7.1.1 整地、施基肥

应在前茬作物收获后,及时深翻土地,早春茬栽培提前深翻冻垡,耕深应达到 25 cm～30 cm。结合整地,每亩施优质农家肥 3 000 kg～4 000 kg、过磷酸钙 30 kg～40 kg、硫酸钾 20 kg～30 kg。肥料使用应符合 NY/T 394 的规定。

7.1.2 棚室处理

早春茬栽培,应在定植前 20 d～25 d 扣棚增温,棚膜宜采用无滴防老化棚膜;秋延迟栽培,应在播种前 10 d～15 d 进行高温闷棚处理。因日光温室复种指数高、土壤理化性状劣化较快、土传病害严重,除必要的轮作倒茬外,有条件的在夏季高温时期须进行闷棚、晒棚、土壤消毒等棚室消毒处理。在定植前 10 d 将温室密封,经连续 3 d～5 d 晴天,温室内温度可达 60℃以上,闷棚 7 d～10 d。

7.1.3 做畦或起垄

开沟做畦,畦宽 100 cm、沟宽 30 cm、沟深 15 cm;或开沟起垄,垄宽 60 cm～70 cm,高 15 cm 左右,垄间距 60 cm。有条件的每畦或每垄铺设滴灌带 2 条,滴灌带铺设完毕后覆盖地膜。

7.2 定植时期

早春茬,待温室内 10 cm 地温稳定通过 15℃,气温稳定在 10℃以上时选冷尾暖头进行定植;越夏、秋冬茬栽培应选择阴天或晴天傍晚定植。

7.3 定植方法及密度

定植前 7 d 左右,浇水造墒。定植时每畦或垄栽 2 行,行距 60 cm,穴距为 25 cm～30 cm,每穴定植 2 株～3 株(或者直播种子 2 粒～3 粒),每亩栽 3 500 穴～4 000 穴。定植深度以子叶露出土面为宜。定植后及时浇定植水。

8 田间管理

8.1 查苗补苗

定植缓苗后(或直播出苗后)应及时检查,对缺苗或初生叶受损伤的幼苗应及时补苗,补苗后及时浇透水。

8.2 温度管理

8.2.1 早春茬

定植后 5 d 内应闭棚升温促进缓苗,缓苗期白天温度控制在 28℃～30℃,夜间≥18℃;缓苗后至坐荚前,白天温度应控制在 20℃～25℃,夜间 15℃～17℃;结荚期白天温度 28℃～30℃,夜间 18℃～20℃。当棚温超过 32℃时,应及时通风降温。若遇寒流大幅度降温时,应采取临时性增温措施防冻。

8.2.2 越夏茬

缓苗期白天温度控制在 28℃～30℃,夜间≥18℃;缓苗后至坐荚前,白天温度应控制在 20℃～25℃,夜间 16℃～18℃;结荚期白天温度 30℃～32℃,夜间 18℃～20℃,不超过 23℃。当白天棚温超过 32℃时,应及时通风降温。

8.2.3 秋冬茬

播种后应在棚外覆盖遮阳网降温,出苗后应根据天气情况揭盖遮阳网。晴天时中午前后覆盖遮阳网,阴雨天去掉遮阳网,8月下旬以后应揭去遮阳网。9月中下旬以后根据外界天气情况应及时覆盖两边裙膜。开花结荚期后,白天温度应保持在 30℃～32℃,夜间 15℃左右。10月中旬以后,应以防寒保温为主。

8.3 水肥管理

推荐使用水肥一体化滴灌系统,达到省水、省肥、省工、防病、提质的目的。

豇豆在开花结荚以前,对水肥条件要求不高,管理上以控为主。基肥充足,一般不再追肥,天气干旱时,可适当浇水。当植株第一花序豆荚坐住,其后几节花序显现时结合追肥浇 1 次水,每亩施氮磷钾复合肥 10 kg～15 kg,灌水 20 m^3～30 m^3。结荚以后,应保持土壤湿润,地面见干时即可浇水,浇水后及时放风排湿。进入豆荚盛收期,根据植株长势及时追肥,每亩每次施氮磷钾复合肥(N∶P∶K＝15∶15∶15)10 kg～15 kg。中后期可喷施 0.2％～0.5％的钼酸铵和硼肥保花保荚。肥料使用应符合 NY/T 394 的规定,注意增施磷钾肥,适量施氮肥。

8.4 植株调整

当植株长出 5 片～6 片叶,开始伸蔓时应及时吊蔓,吊蔓工作宜在下午进行。主蔓第一花序以下的侧芽应及时抹去,以上各节位的侧枝宜留 2 片～3 片叶摘心;当主蔓生长达到钢丝吊绳上 20 cm～30 cm 时及时摘心,并及时摘除老、病叶,以利通风透光,减少病虫害发生。

9 病虫草害防治

9.1 常见病虫草害

9.1.1 主要病害

病毒病、锈病、枯萎病、茎基腐病、炭疽病、煤霉病、白粉病和疫病等。

9.1.2 主要虫害

蚜虫、豆荚螟、潜叶蝇、茶黄螨、烟粉虱、斜纹夜蛾、根结线虫和地老虎等。

9.1.3 主要草害

早熟禾、马塘、牛筋草、马齿苋等。

9.2 防治原则

按照预防为主、综合防治的植保方针,坚持农业防治、物理防治、生物防治为主,化学防治为辅的防治原则。

9.3 防治措施

9.3.1 农业防治

轮作换茬,实行严格的轮作制度,与非豆类实行 3 年以上轮作;选用抗病品种,据当地主要病虫害选用抗病、适应性强的优良品种;加强苗床环境调控,培育适龄壮苗,提高抗逆性;清洁田园,清除田间周围杂草,及时摘除病叶、病荚,带出地块进行无害化处理;加强养分管理,提高植株抗逆性;采用无滴膜降低棚内空气湿度;中耕除草。

9.3.2 物理防治

利用阳光晒种,温汤浸种;采用色板(黄板和蓝板)诱杀蚜虫、粉虱、蓟马等害虫;覆盖银灰色地膜驱避蚜虫,应用防虫网阻隔害虫;夏季棚室进行高温闷棚消毒;应用频振式灭虫灯诱杀蛾类成虫;利用黑地膜覆盖防除杂草。

9.3.3 生物防治

利用自然天敌如瓢虫、捕食螨、食蚜小蜂等对害虫进行控制。使用生物农药、植物源农药,如苏云金杆菌、枯草芽孢杆菌、苦参碱等防治病虫害。

9.3.4 化学防治

农药使用应符合 NY/T 393 的要求。严格控制农药安全间隔期和轮换用药。病虫害防治方法参见附录 A。

10 采收

根据品种特点和用途,豇豆以开花后 15d～20d,豆角饱满、豆粒刚刚显露突起时采收为好;采收宜在清晨或傍晚气温较低的时刻进行,采收时避免损伤花序上其他花蕾,扭伤豆柄,应抓住豆荚基部,轻轻左右扭动,然后摘下,并按豆荚的成熟度、色泽、品质进行分级,分别包装。产品质量应符合 NY/T 748 的要求,及时送至预冷库预冷。

11 生产废弃物处理

生产过程中,农药、化肥投入品等包装袋、地膜、防虫网、薄膜、遮阳网、废旧的穴盘等应分类收集,进行无害化处理或者回收循环利用。

拉秧后的豇豆秸秆晾晒后集中粉碎,作为生产有机肥的原料,或者高温堆肥、无害化处理后利用;有条件的可以直接进行粉碎还田以养地。

12 包装储运

12.1 包装

豇豆的包装箱、筐、袋等应牢固,内外壁平整。包装容器保持干燥、清洁、无污染。包装物应符合 NY/T 658 的要求。每批豇豆的包装规格、单位、净含量应一致。包装上的标志和标签应标明产品名称、生产者、产地、净含量和采收日期等,字迹应清晰、完整、准确。

12.2 运输

运输时要轻装、轻卸,严防机械损伤;运输工具要清洁卫生、无污染、无杂物。短途运输要严防日晒、雨淋。有条件的宜采用冷链运输。

12.3 储存

临时储存应保证有阴凉、通风、清洁、卫生的条件,防止日晒、雨淋、冻害以及有毒、有害物质的污染,堆码整齐。短期储存应按品种、规格分别堆码,要保证有足够的散热间距,温度以 5℃～9℃、相对湿度以 90% 为宜。

13 生产档案管理

生产者应建立绿色食品温室豇豆生产档案。详细记录产地环境条件、品种选用、农资使用、物候期记载、生产管理、用工管理、病虫草害防治、采收、运输、储存和生产废弃物处理方法等农事操作管理措施。

所有记录应真实、准确、规范,并具有可追溯性;生产档案应有专人专柜保管,至少保存 3 年。

附　录　A

（资料性附录）

黄淮海及环渤海湾地区绿色食品日光温室豇豆生产主要病虫害防治方案

黄淮海及环渤海湾地区绿色食品日光温室豇豆生产主要病虫害防治方案见表 A.1。

表 A.1　黄淮海及环渤海湾地区绿色食品日光温室豇豆生产主要病虫害防治方案

防治对象	防治时期	农药名称	使用剂量	使用方法	安全间隔期,d
锈病	侵染初期	70%硫黄·锰锌可湿性粉剂	214 g/亩～286 g/亩	喷雾	13
	发病初期	40%腈菌唑可湿性粉剂	13 g/亩～20 g/亩	喷雾	5
白粉病	发病初期	0.4%蛇床子素可溶液剂	600 倍～800 倍液	喷雾	7～10
豆荚螟	幼虫孵化初期	30%茚虫威水分散粒剂	6 g/亩～9 g/亩	喷雾	3
	低龄幼虫期	4.5%高效氯氰菊酯乳油	30 mL/亩～40 mL/亩	喷雾	3
蓟马	发生期	1%甲氨基阿维菌素苯甲酸盐微乳剂	18 mL/亩～24 mL/亩	喷雾	5
		25%噻虫嗪水分散粒剂	15 g/亩～25 g/亩	喷雾	28
斜纹夜蛾	低龄幼虫发生期	1%苦皮藤素水乳剂	90 mL/亩～120 mL/亩	喷雾	10
甜菜夜蛾	卵孵化高峰期	30 亿 PIB/mL 甜菜夜蛾核型多角体病毒悬浮剂	20 mL/亩～30 mL/亩	喷雾	—
蚜虫	发生初期	1.5%苦参碱可溶液剂	30 mL/亩～40 mL/亩	喷雾	10
美洲斑潜蝇	始花期	10%溴氰虫酰胺可分散油悬浮剂	14 mL/亩～18 mL/亩	喷雾	3
注:农药使用以最新版本 NY/T 393 的规定为准。					

绿色食品生产操作规程

LB/T 081—2020

黄淮海及环渤海湾地区
绿色食品秋萝卜生产操作规程

2020-08-20 发布

2020-11-01 实施

中国绿色食品发展中心 发布

前　言

本规程由中国绿色食品发展中心提出并归口。

本规程起草单位：天津市农业发展服务中心、山东农业工程学院、中国绿色食品发展中心、河南省绿色食品发展中心、农业农村部乳品质量监督检验测试中心、天津农垦宏达有限公司、天津市蓟州区绿色食品发展中心、北京市农业绿色食品办公室、安徽省宿州市绿色食品管理办公室、山西省农产品质量安全中心、山东省济宁市鱼台县农业局。

本规程主要起草人：张凤娇、刘文宝、张志华、王莹、马文宏、张玮、刘烨潼、任伶、樊恒明、杨鸿炜、徐熙彤、张金环、王佳佳、韩玥、庞博、柳斌斌、王小娟、刘希柱。

黄淮海及环渤海湾地区绿色食品秋萝卜生产操作规程

1 范围

本规程规定了黄淮海及环渤海湾地区绿色食品秋萝卜的产地环境、品种选择、整地播种、田间管理、采收、生产废弃物处理、运输储藏及生产档案管理。

本规程适用于北京、天津、河北、山西、内蒙古(赤峰和乌兰察布地区)、辽宁东西南部、江苏中北部、安徽中北部、山东、河南等地区的绿色食品秋萝卜生产。

2 规范性引用文件

下列文件对于本文件的应用是必不可少的。凡是注日期的引用文件,仅注日期的版本适用于本文件。凡是不注日期的引用文件,其最新版本(包括所有的修改单)适用于本文件。

NY/T 391 绿色食品 产地环境质量

NY/T 393 绿色食品 农药使用准则

NY/T 394 绿色食品 肥料使用准则

NY/T 745 绿色食品 根菜类蔬菜

NY/T 1056 绿色食品 储藏运输准则

3 产地环境

应符合 NY/T 391 的要求,宜选择前茬未种过十字花科作物、耕层深厚、排水良好、疏松、透气的壤土或沙壤土。

4 品种选择

4.1 选择原则

应根据栽培目的和当地的气候、土质条件选用优质、丰产、抗逆性强以及符合目标消费习惯的品种。

4.2 品种选用

喜欢青皮青肉口感好的可选用潍县青萝卜、鲁萝卜1号、胶东翘头青、天津卫青萝卜;喜欢青皮红肉的可选用满堂红、辽冀大红;白萝卜可选用白将军等。

4.3 种子处理

选用饱满、健全、无霉变的种子。播前先将种子晾晒1 d～2 d。为了减少出苗后菜青虫和小菜蛾危害,可以用种衣剂对种子进行处理,种衣剂的使用应符合 NY/T 393 的要求。

5 整地播种

5.1 整地

前茬作物收获后及早清洁田园,进行耕翻晒垡。整地要精细,做到耕透、耙细、耢平,使土壤上虚下实。耕地深度根据品种而定,大型品种需深耕40 cm以上,中小型品种需深耕25 cm～35 cm。

5.2 起垄

肥料使用后,充分耙匀,清除田间大块石头、草根以及废塑料薄膜等杂物,整地做垄。大型品种多高垄栽培,垄高20 cm～30 cm,垄间距40 cm～50 cm,每垄种1行;中小型品种,垄高20 cm～25 cm,垄间距35 cm～40 cm,每垄种1行;在排水良好的地方,中小型品种也可采用平畦栽培,畦宽1 m～2 m,沟宽 30 cm～40 cm。

5.3 播种

5.3.1 播种量

大型品种每亩用种量 0.4 kg～0.5 kg;中小型品种每亩用种量 0.6 kg～1.2 kg。

5.3.2 播种期

秋萝卜一般 7 月中下旬至 8 月上中旬均可播种,根据收获期、品种特性及当地气候条件灵活掌握。

5.3.3 播种方法

大型品种多采用穴播,中小型品种多采用条播或撒播。播种前,先浇水造墒,播种后覆土,覆土厚度为 1 cm。

5.3.4 种植密度

大型品种行距 40 cm～50 cm,株距 20 cm～30 cm;中小型品种行距 35 cm～40 cm,株距 15 cm～25 cm。大型品种每亩留苗 4 500 株～8 000 株,中小型品种每亩可留苗 6 500 株～10 000 株。

5.4 温度管理

发芽期的适宜温度为 20℃～25℃;幼苗期适应的温度范围较广,肉质根生长期,适宜温度为 18℃～20℃。

5.5 间苗定苗

5.5.1 间苗

一般在第 1 片真叶展开时,第 1 次间苗,拔除细弱苗、病苗、畸形苗和不具有原品种特征的苗,每穴留苗 2 株～3 株。

5.5.2 定苗

一般在萝卜"破肚"时,即幼苗具有 4 片～5 片真叶时进行,选留具有原品种特征特性的健壮苗 1 株,按规定株距定苗,拔出其余生长较弱的苗。

5.5.3 中耕除草

萝卜的中耕应掌握先浅后深再浅的原则,直至封行后停止中耕。大中型萝卜行距较大,应多次中耕除草。定苗至封垄前,雨后或浇水后进行 2 次～3 次中耕,封垄后若有杂草应及时拔除。

6 田间管理

6.1 灌溉

6.1.1 出苗期

一般播种前应充分浇水,保证土壤含水量为田间最大持水量的 80% 以上。播种后到出苗一般不浇水。

6.1.2 苗期

出苗后要少浇勤浇,保证土壤含水量为田间最大持水量的 60% 以上。苗全后适当少浇水进行蹲苗。

6.1.3 叶片生长期

可掌握地不干不浇,地表发白才浇的原则,适当增加灌水量。保证土壤含水量为田间最大持水量的 60%～70%。

6.1.4 肉质根膨大期

充分均匀供水,一般以土壤含水量为田间最大持水量的 70%～80% 为宜。肉质根膨大后期,仍应适当浇水。秋季栽培以傍晚浇水为好。雨水多时应及时排水降渍。

推荐使用水肥一体化,节水节肥,减少土壤板结和盐碱化,降低病害发生。

6.2 施肥

6.2.1 基肥

施肥按照 NY/T 394 的规定执行。一般以每亩施用优质腐熟的土杂肥 3 000 kg～4 000 kg 配合使用硫酸钾型复合肥 30 kg～40 kg 及过磷酸钙 25 kg～30 kg。

6.2.2 追肥管理

一般幼苗 2 片～3 片真叶时追施 1 次提苗肥,可以施尿素 3 kg/亩～5 kg/亩;肉质根膨大期,追第 2 次肥,施尿素 10 kg/亩配合硫酸钾 10 kg/亩,追肥需结合浇水冲施进行。

6.3 病虫害防治

6.3.1 防治原则

按照预防为主、综合防治的植保方针,坚持农业防治、物理防治、生物防治为主,化学防治为辅的原则。

6.3.2 常见病虫草鼠害

萝卜主要病害有:细菌性软腐病、黑腐病、霜霉病、病毒病等。

萝卜主要虫害有:蚜虫、菜青虫、小菜蛾、黄条跳甲等。

6.3.3 防治措施

6.3.3.1 农业防治

选用抗病品种,合理轮作,深耕晒垡,加强栽培管理,培育健壮植株,中耕除草,及时摘除病残体,清洁田园等。

6.3.3.2 物理防治

田间设置黑光灯或频振式杀虫灯,诱杀地下害虫和鳞翅目害虫等,也可在幼虫发生初期采用物理杀虫剂硅藻土 celite 610 进行防治。

6.3.3.3 生物防治

保护利用天敌昆虫防治虫害,使用生物药剂或生物菌剂防治细菌性或者真菌性病害。

6.3.3.4 化学防治

严格按照 NY/T 393 的规定执行。在主要防治对象的防治适期,根据病虫害发生特点和农药特性,选择适当的施药方式和施药时间,注意轮换用药,严格控制安全间隔期。主要病虫害化学防治方法参见附录 A。

7 采收

秋萝卜一般 10 月下旬左右收获。采收时将萝卜着生叶片部分带叶一同削掉,去掉附带的泥土,须根、分叉,将个头均匀,无畸形,无糠心,无伤口,无灰心的萝卜按照长短、粗细进行分级。不同地区和消费市场对萝卜分级的要求不同,因此具体分级标准要根据市场需要确定。产品质量应符合 NY/T 745 的要求。

8 生产废弃物处理

萝卜采收后可将萝卜叶子、不够销售级别的小萝卜、长病虫害的萝卜和不能食用的畸形萝卜收集起来,放到不透气的大塑料袋子中,然后加入固体石灰氮,石灰氮用量 0.5 kg/m³～0.7 kg/m³,混匀,加入少量水,封口,7 d～10 d 后倒出来,摊开,晾 1 d～2 d,加入 EM 菌后粉碎,作为有机肥混入土壤中。

农药包装袋等废弃物不能乱扔,要收集起来,统一放到有毒废弃物处理桶中,由专业公司集中统一处理。

9 运输储藏

按照 NY/T 1056 的规定进行。运输时要轻装、轻卸,严防机械损伤。运输工具要清洁卫生、无污染、无杂物。短途运输要严防日晒、雨淋。临时储存应保证有阴凉、通风、清洁、卫生的条件。防止日晒、雨淋、冻害以及有毒、有害物质的污染,应按品种、规格分别堆码,要保证有足够的散热间距,温度控制在0℃～4℃,相对湿度保持在85%～95%。

10 生产档案管理

建立绿色食品萝卜生产档案,详细记录产地环境条件、生产过程中关键控制点、病虫害防治和采收、包装、运输、储藏等各环节等情况并保存记录3年以上,做到农产品生产可追溯。

附　录　A

（资料性附录）

黄淮海及环渤海湾地区绿色食品秋萝卜主要病虫害防治方案

黄淮海及环渤海湾地区绿色食品秋萝卜主要病虫害防治方案见表A.1。

表 A.1　黄淮海及环渤海湾地区绿色食品秋萝卜主要病虫害防治方案

防治对象	防治时期	农药名称	使用剂量	使用方法	安全间隔期,d
霜霉病	发病初期	40%三乙膦酸铝可湿性粉剂	235 g/亩～470 g/亩	喷雾	7
蚜虫	发生初期	0.3%苦参碱可溶液剂	150 g/亩～200 g/亩	喷雾	10
菜青虫、小菜蛾	幼苗期	40%辛硫磷乳油	50 mL/亩～75 mL/亩	喷雾	7
黄条跳甲	黄条跳甲发生初期	5%啶虫脒乳油	60 mL/亩～120 mL/亩	喷雾	14
注:农药使用以最新版本 NY/T 393 的规定为准。					

绿 色 食 品 生 产 操 作 规 程

LB/T 084—2020

黄淮海及环渤海湾地区
绿色食品日光温室茄子生产操作规程

2020-08-20 发布

2020-11-01 实施

中国绿色食品发展中心 发布

前　言

本规程由中国绿色食品发展中心提出并归口。

本规程起草单位：天津市农业质量标准与检测技术研究所、天津市绿色食品办公室、中国绿色食品发展中心、中国农业科学院蔬菜花卉研究所、农业农村部乳品质量监督检验测试中心、天津农垦宏达有限公司、天津市蓟州区绿色食品发展中心、河北省廊坊市农业生态环境保护监测站、山东省绿色食品中心、山西省农产品质量安全中心、天津市农业发展服务中心。

本规程主要起草人：刘烨潼、李衍素、张志华、马文宏、张玮、王莹、任伶、张凤娇、徐熙彤、高文瑞、刘亚兵、赵亚鑫、陈宝东、闫妍、谢学文、侯继华、王馨、敖奇、杨鸿炜。

黄淮海及环渤海湾地区绿色食品日光温室茄子生产操作规程

1 范围

本规程规定了黄淮海及环渤海湾地区绿色食品日光温室茄子的产地环境、生产技术管理、采收、包装、标识、储存、运输、生产废弃物处理和生产档案管理。

本规程适用于北京、天津、河北、山西、内蒙古（赤峰和乌兰察布地区）、辽宁东西南部、江苏中北部、安徽中北部、山东、河南等地区的绿色食品日光温室茄子生产。

2 规范性引用文件

下列文件对于本文件的应用是必不可少的。凡是注日期的引用文件，仅注日期的版本适用于本文件。凡是不注日期的引用文件，其最新版本（包括所有的修改版）适用于本文件。

NY/T 391　绿色食品　产地环境质量

NY/T 393　绿色食品　农药使用准则

NY/T 394　绿色食品　肥料使用准则

NY/T 658　绿色食品　包装通用准则

NY/T 1056　绿色食品　储藏运输准则

3 产地环境

应符合 NY/T 391 的要求。宜选择地势高燥、地下水位较低、排灌方便、富含有机质、疏松肥沃、土层深厚的壤土地块。

4 生产技术管理

4.1 日光温室

黄淮海及环渤海湾地区常用的日光温室均可，但最好保证冬季最低温度不低于 8℃，夏季最高温度不高于 35℃。

4.2 栽培茬口

黄淮海及环渤海湾地区日光温室茄子栽培一般可分为 4 个栽培茬次：冬春茬 2 月上中旬定植，7 月中下旬拉秧；秋冬茬 7 月中下旬定植，12 月中下旬拉秧；越冬一大茬 8 月中下旬定植，翌年 6 月拉秧；越夏一大茬 2 月中下旬定植，当年 11 月～12 月拉秧。可根据当地气候条件、日光温室性能、市场目的和管理水平等灵活选择。

4.3 品种选择

选择商品性好、优质、丰产、着色好、耐储运、符合目标市场的品种，如布利塔、硕元黑宝等。

4.4 育苗

推荐从集约化育苗企业购进商品苗或由其代育。不建议生产者自行育苗。

茄子壮苗指标：苗高 15 cm～20 cm；茎粗壮（直径 0.6 cm 以上）；真叶 6 片～8 片，叶片肥厚，叶色浓绿，节间较短；根系嫩白，无烂根、病根，抱坨良好；无病虫害。

4.5 定植

4.5.1 定植前准备

4.5.1.1 整地与施基肥

肥料使用应符合 NY/T 394 的要求。定植前 15 d～20 d 进行土地耕整和施基肥。每亩施腐熟有机肥 5m³～7m³,混施过磷酸钙 100 kg、硫酸钾 10 kg,施肥后深翻 25 cm～30 cm,整平、耙细、浇水造墒。先采用平畦定植,后培土成垄,垄高 20 cm～25 cm,按畦宽 90 cm、60 cm 做成大小畦,在小畦内每亩撒施氮磷钾三元复合肥(15-15-15)40 kg～50 kg。小畦定植。

4.5.1.2 温室消毒

如果夏季不进行茄子生产,可采取夏秋高温闷棚法进行日光温室消毒。冬季茄子定植前可采用温差处理法进行日光温室消毒。消毒后在温室通风口处张挂(60 目)防虫网。

4.5.2 定植

定植密度。早熟品种一般每亩 2 200 株～2 500 株,中熟品种 2 000 株～2 200 株,晚熟品种 1 500 株～2 000 株。

早春茬宜选择晴好天气定植,注意防止低温冷害。秋延迟茬宜选择阴凉天气定植,注意防止高温强光伤害,如外界温度过高、光照过强,可张挂遮阳网遮阳降温。

按品种要求,一般定植株距 45 cm～50 cm。在小畦内刨穴,先向穴中浇水,待水渗下一半时,将苗坨栽好,当水全部渗下时封穴。冬季和早春定植后要及时进行地膜覆盖。

4.6 田间管理

4.6.1 温度与光照管理

除秋冬茬外,定植后缓苗期间多不放风,保持较高温度,促进缓苗。白天温度保持在 25℃～30℃,夜间 18℃～23℃。缓苗后白天保持在 25℃～30℃,夜间 20℃左右,不低于 13℃。

越冬期间,白天应保持较高的室温,尽可能保持 25℃～30℃的时间不少于 5 h,中午室温高于 32℃时可顶部放风,下午将至 25℃时及时关闭风口。夜间加强保温,严寒天气下适当增加覆盖物,夜间室温保持 20℃～15℃,最低气温不低于 12℃。

春季进入 2 月下旬后,温光条件变好,可以利用通风口控制室内温度,白天上午 27℃～32℃,下午 22℃～27℃,上半夜 17℃～22℃,下半夜 15℃～17℃,阴雨天时室温白天 22℃～27℃,夜间 12℃～17℃。

秋冬茬刚定植时光照强度较强,温度较高,可采用通大风、悬挂遮阳网等方式控制温室内温度尽可能不高于 35℃。

4.6.2 肥水管理

尽量采用滴灌技术进行肥水一体化管理。可按适宜的土壤相对含水量指标(70%～80%)进行水分管理,追肥应采用高质量水溶性化肥随水滴入。

定植缓苗后及时进行中耕。缓苗后若土壤含水量不足、室温又较高时,可浇一次水,但浇水后要及时放风和中耕,防止植株生长过旺。在此期间,应及时抹去门茄以下的侧芽。

门茄长到核桃大小时,应进行中耕,每亩施磷酸二铵 40 kg,并培土成垄,之后浇水。整平垄面后及时覆盖地膜。越冬期间,植株表现缺水时,可选晴好天气,于膜下灌水,每亩随水冲施尿素 20 kg。

越冬后的 2 月中旬至 3 月中旬,每 10 d～15 d 浇水 1 次,每次随水冲施腐熟的豆饼水,每次每亩用豆饼 50 kg～60 kg;间隔冲施速效氮肥 1 次,每亩用尿素 15 kg。3 月中旬以后,每 7 d～10 d 浇 1 水,隔一水施磷酸二铵 15 kg/亩～20 kg/亩。

4.6.3 熊蜂或人工授粉

日光温室内温度 10℃～30℃时,可用熊蜂授粉。春季日光温室温度较低、湿度较大时,宜采用 20 mg/L～35 mg/L 的 2,4-D 蘸花或涂抹花萼和花朵。温度低时,2,4-D 浓度稍高些;温度高时,2,4-D 浓度稍低些。亦可采用人工毛笔蘸花授粉的方式进行人工授粉。

4.6.4 植株调整

4.6.4.1 调整方法

当门茄开花后,门茄以下的侧枝全部除去,并视生长情况摘除部分叶片;当植株有徒长趋势时,还可摘除部分的功能叶,抑制徒长。门茄坐果后要进行吊蔓绑枝,同时需进行整枝。生长期间应随着果实采收,及时摘除植株下部老叶、黄叶和病叶,以促进通风透光。

4.6.4.2 双干整枝法

保留门茄下方的第一个侧枝,摘除多余的侧枝,同主干并生形成双干,以后采用此法,始终保持双干向上。

4.7 病虫害防治

4.7.1 防治原则

按照预防为主、综合防治的植保方针,坚持农业防治、物理防治、生物防治为主,化学防治为辅的原则。

4.7.2 主要病虫害

茄子的主要病害有青枯病、灰霉病、黄萎病等。主要虫害有蚜虫、白粉虱、蓟马、甜菜夜蛾等。

4.7.3 防治措施

4.7.3.1 农业防治

a) 与非茄科作物进行 3 年以上的轮作;
b) 合理密植;
c) 选用抗(耐)病虫、优质、高产的优良品种;
d) 培育适龄壮苗,提高抗逆性;
e) 嫁接以防止枯萎病等土传病害;
f) 覆盖地膜以降低室内空气相对湿度,以减少真菌病害和细菌病害发生和危害,并防除杂草、提高地温;
g) 适时中耕松土,可以改善土壤的通气条件,调节地温;
h) 合理肥水;
i) 及时清除温室周边与室内的杂草;
j) 及时摘除病残体,并带到温室外集中处理。

4.7.3.2 物理防治

a) 越冬茬或冬春茬结束后高温闷棚;
b) 所有通风口张挂 60 目防虫网;
c) 覆盖银灰色地膜或挂银灰色塑料条驱避蚜虫;
d) 利用黄板诱杀粉虱、蚜虫、斑潜蝇等害虫,每亩日光温室悬挂 20 cm×30 cm 的黄板 30 块～40 块即可,悬挂高度与植株顶部持平或高出 5 cm～10 cm。

4.7.3.3 生物防治

a) 利用异色瓢虫控制蚜虫、红蜘蛛;
b) 丽蚜小蜂防治温室白粉虱和烟粉虱;
c) 捕食螨防治红蜘蛛、蓟马、粉虱、蚜虫等小型害虫和害螨;
d) 球孢白僵菌防治蓟马、粉虱、蚜虫等;
e) 苏云金芽孢杆菌可防治多种鳞翅目蔬菜害虫,如小菜蛾、菜青虫、甜菜夜蛾等;
f) 昆虫病毒包括菜青虫颗粒体病毒、甘蓝夜蛾核型多角体病毒、甜菜夜蛾核型多角体病毒、斜纹夜蛾多角体病毒、小菜蛾颗粒体病毒和苜蓿银纹夜蛾核型多角体病毒等,可防治蔬菜害虫;
g) 利用昆虫信息素进行蔬菜害虫种群监测、诱杀、驱避和干扰交配等;
h) 植物源农药,如印楝素、除虫菊素、苦参碱等防治病虫害;
i) 上述生物防治措施需根据田间病虫害发生情况和使用说明严格操作。

4.7.3.4 化学药剂防治

在农业防治、物理防治、生物防治等措施严格执行的情况下,仍发生较重病虫害的,可采取化学药剂防治,应严格按照 NY/T 393 的规定执行。应加强病虫害预测预报;识别症状,对症下药;明确防治范围、重点、局部用药;严格掌握施药浓度,不盲目加大用药量;轮换、交替用药,合理混用;认真执行药后安全间隔采收期。病虫害化学药剂防治方法参见附录 A。

5 采收

根据品种特性,掌握好果实的商品成熟特征,及时采收达到商品成熟期的果实。紫色和红色的茄子可根据果实萼片边沿白色部分的宽窄来判断。白色部分越宽,说明果实尚处于生长期,果实就越嫩;萼片边沿已无白色部分,说明果实生长已停止,果实变老,食用价值降低。采收果实以早晨和傍晚为宜,可以延长货架期。冬春季茄子从开花到采收需 20 d～25 d,4 月下旬后或秋季温度较高,果实生长速度较快,一般花后 14 d～16 d 即可采收,门茄、对茄等前期果采收要及时。当果实达到成熟时应立即分批采收,减轻植株负担,促进后来果实膨大。

6 包装、标识

6.1 包装

按照 NY/T 658 的规定执行。用于产品包装的容器如塑料箱、纸箱等要清洁、干燥、无污染。按产品的品种、规格分别包装,同一件包装内的产品需摆放整齐紧密。

6.2 标识

包装上标明产品名称、产品标准号、生产单位名称及地址、产地、品种、等级、净含量以及包装日期等。经中国绿色食品发展中心许可使用绿色食品标识的,可以在包装上使用绿色食品标识。

7 储存、运输

按照 NY/T 1056 的规定执行。运输前应进行预冷。运输过程中注意防冻、防雨淋、防晒、通风散热,温度控制在 0℃～4℃,相对湿度保持在 85%～95%。

储存时应按品种、规格分别储存。茄子适宜的储存条件为温度 7℃～10℃,相对湿度 85%～90%。库内堆码应保证气流均匀流通。

8 生产废弃物处理

日光温室茄子生产过程中,摘除的病叶、老叶、病株,不能售卖的茄子,以及拉秧后的秸秆等是主要的废弃物。摘除的病叶、老叶和病株不得随意丢弃,要装入塑料袋,带出棚室后集中统一做无害化处理。拉秧后的秸秆不得拉出棚室后随意丢弃堆沤,可取下吊蔓的塑料绳后由专人统一回收处理。另外,地膜、防虫网、旧棚膜、农药包装袋、药瓶等也需收集整理后统一处理。

9 生产档案管理

生产者应建立绿色食品日光温室茄子生产档案。记录产地棚室内环境、品种选用、农资使用、物候期记载、生产管理、用工管理、病虫草害防治、采收、运输储藏和生产废弃物处理方法等农事操作管理措施。

所有记录应真实、准确、规范,并具有可追溯性;生产档案应有专人专柜保管,至少保存 3 年。

附　录　A

（资料性附录）

黄淮海及环渤海湾地区绿色食品日光温室茄子生产主要病虫害防治方案

黄淮海及环渤海湾地区绿色食品日光温室茄子生产主要病虫害防治方案见表 A.1。

表 A.1　黄淮海及环渤海湾地区绿色食品日光温室茄子生产主要病虫害防治方案

防治对象	防治时期	农药名称	使用剂量	使用方法	安全间隔期,d
青枯病	苗期	20 亿孢子/g 蜡质芽孢杆菌可湿性粉剂	100 倍液	蘸根	—
	生长期		100 倍～300 倍液	灌根	—
	发育期	0.1 亿 CFU/g 多黏类芽孢杆菌细粒剂	300 倍液	浸种	—
			0.3 g/m²	苗床泼浇	—
			1 050 g/亩～1 400 g/亩	灌根	—
灰霉病	发病初期	50%硫黄·多菌灵可湿性粉剂	135 g/亩～166 g/亩	喷雾	7～10
黄萎病	移栽定植时	10 亿芽孢/g 枯草芽孢杆菌可湿性粉剂	2 g/株～3 g/株	药土法	5
	发病初期		300 倍～400 倍液	灌根	
蚜虫	发生初期	1.5%苦参碱可溶液剂	30 mL/亩～40 mL/亩	喷雾	10
白粉虱	发生初期	25%噻虫嗪水分散粒剂	7 g/亩～15 g/亩	喷雾	14
			0.12 g/株～0.2 g/株	灌根	7
	苗期（定植前 3 d～5 d）		7 g/亩～15 g/亩	喷雾	14
蓟马	发生初期	8%多杀霉素水乳剂	20 mL/亩～30 mL/亩	喷雾	5
		0.5%藜芦碱可溶液剂	70 mL/亩～80 mL/亩	喷雾	—
	发生高峰前	60g/L 乙基多杀菌素悬浮剂	10 mL/亩～20 mL/亩	喷雾	5
甜菜夜蛾	卵孵化高峰期	30 亿 PIB/mL 甜菜夜蛾核型多角体病毒悬浮剂	20 mL/亩～30 mL/亩	喷雾	—
注:农药使用以最新版本 NY/T 393 的规定为准。					

绿 色 食 品 生 产 操 作 规 程

LB/T 085—2020

黄淮海及环渤海湾地区
绿色食品拱棚茄子生产操作规程

2020-08-20 发布

2020-11-01 实施

中国绿色食品发展中心 发布

前 言

本规程由中国绿色食品发展中心提出并归口。

本规程起草单位：天津市绿色食品办公室、中国农业科学院蔬菜花卉研究所、中国绿色食品发展中心、农业农村部乳品质量监督检验测试中心、天津农垦宏达有限公司、天津市蓟州区绿色食品发展中心、北京市农业绿色食品办公室、辽宁省绿色食品发展中心、山西省农产品质量安全中心、天津市农业发展服务中心。

本规程主要起草人：马文宏、李衍素、唐伟、任伶、张凤娇、刘烨潼、张玮、王莹、徐熙彤、戴洋洋、朱洁、程艳宇、陈宝东、周绪宝、闫妍、谢学文、金丹、隋志文、杨鸿炜。

黄淮海及环渤海湾地区绿色食品拱棚茄子生产操作规程

1 范围

本规程规定了黄淮海及环渤海湾地区绿色食品拱棚茄子生产要求的产地环境、生产技术管理、采收、包装、标识、储存、运输、生产废弃物处理和生产档案管理。

本规程适用于北京、天津、河北、山西、内蒙古(赤峰和乌兰察布地区)、辽宁东西南部、江苏中北部、安徽中北部、山东、河南等地区的绿色食品拱棚茄子春早熟栽培,也可用于越夏、秋延迟拱棚茄子生产。

2 规范性引用文件

下列文件对于本文件的应用是必不可少的。凡是注日期的引用文件,仅注日期的版本适用于本文件。凡是不注日期的引用文件,其最新版本(包括所有的修改版)适用于本文件。

NY/T 391 绿色食品 产地环境质量
NY/T 393 绿色食品 农药使用准则
NY/T 394 绿色食品 肥料使用准则
NY/T 658 绿色食品 包装通用准则
NY/T 1056 绿色食品 储藏运输准则

3 产地环境

应符合 NY/T 391 的要求。宜选择地势高燥、地下水位较低、排灌方便、富含有机质、疏松肥沃、土层深厚的壤土地块。

4 生产技术管理

4.1 拱棚

应选择结构合理、透光保温性能好的拱棚进行茄子生产。春提早或秋延迟生产最好选择双层拱棚,或者是能覆盖保温被提高保温效果的拱棚。

4.2 品种选择

应选择株型紧凑、雌花节位低、结果早、品质好、较耐弱光、耐寒性较强、抗病、高产、适合目标市场的品种,如园杂 460、东方长茄、绿状元等。

4.3 育苗

推荐从集约化育苗企业购进商品苗或由其代育。不建议生产者自行育苗。

茄子壮苗指标:苗高 15 cm～20 cm;茎粗壮(直径 0.6 cm 以上);真叶 6 片～8 片,叶片肥厚,叶色浓绿,节间较短;根系嫩白,无烂根、病根,抱坨良好;无病虫害。

4.4 定植

4.4.1 定植前准备

4.4.1.1 整地与施基肥

肥料使用应符合 NY/T 394 的要求。定植前 15 d～20 d 进行土地耕整和施基肥。每亩施腐熟有机肥 5m³～7m³,混施过磷酸钙 100 kg、硫酸钾 10 kg,施肥后深翻 25 cm～30 cm,整平、耙细,浇水造墒。先采用平畦定植,后培土成垄,垄高 20 cm～25 cm,按畦宽 90 cm、60 cm 做成大小畦,在小畦内每亩撒施氮磷钾三元复合肥(15-15-15)40 kg～50 kg。小畦定植。

4.4.1.2 拱棚消毒

如果夏季不进行茄子生产,可采取夏秋高温闷棚法进行拱棚消毒,消毒后在拱棚通风口处张挂 60 目防虫网。

4.4.2 定植

定植密度,早熟品种一般每亩 2 200 株～2 500 株、中熟品种 2 000 株～2 200 株、晚熟品种 1 500 株～2 000 株。

视拱棚保温性能,根据大棚内气温和地温确定定植期。棚内气温不低于 10℃、10 cm 地温稳定在 12℃以上时为适宜的定植期。早春茬宜选择晴好天气定植,注意防止低温冷害。秋延迟茬宜选择阴凉天气定植,注意防止高温强光伤害,如外界温度过高、光照过强,可张挂遮阳网遮阳降温。

按品种要求,一般定植株距 45 cm～50 cm。高垄定植。在小畦内刨穴,先向穴中浇水,待水渗下一半时,将苗坨栽好,当水全部渗下时封穴。早春茬定植后要及时覆盖地膜,秋延迟茬棚内光照较强、温度较高时定植后不能覆盖地膜,以免烤苗。

4.5 田间管理

4.5.1 温度管理

早春茬定植后可密闭棚体,保持棚内温度 30℃～35℃,以促进返苗。缓苗后中耕蹲苗,提高地温,促进根系生长,并逐渐通风,调温控湿,增加光照,白天温度保持在 25℃～30℃,夜间 15℃～18℃,开花结果期白天温度控制在 25℃～30℃,夜间温度不低于 15℃。3月～4月天气渐暖时加大通风量,通风时间应适当提前,通风口由小到大,当夜间温度稳定在 15℃以上时,可昼夜通风。

秋冬茬定植后注意防止高温强光伤害,可采取通风、遮阳等方式遮阳降温,随生产进行,外界气温越来越低,需严格管理通风口,白天温度控制在 25℃～30℃,夜间温度不低于 15℃。

4.5.2 肥水管理

尽量采用滴灌技术进行肥水一体化管理。可按适宜的土壤相对含水量指标(70%～80%)进行水分管理,追肥应采用高质量水溶性化肥随水滴入。

定植后 3 d～5 d 浇缓苗水,开花前适当控制水分,以促进植株发棵。花期及结果期可多次浇水。茄子定植到缓苗禁止追肥。当门茄显现时,随水追施氮磷钾(15-10-20)水溶性复合肥 15 kg/亩。以后每采摘 2 次～3 次,结合灌水追肥 1 次,追施复合肥 7 kg/亩～10 kg/亩。

4.5.3 雄蜂或人工授粉

拱棚内温度 10℃～30℃时,可用雄蜂授粉。春季拱棚温度较低、湿度较大时,宜采用 20 mg/L～35 mg/L 的 2,4-D 蘸花或涂抹花萼和花朵。温度低时 2,4-D 浓度稍高些,温度高时 2,4-D 浓度稍低些。亦可采用人工毛笔蘸花授粉的方式进行人工授粉。

4.5.4 植株调整

早熟品种采用三杈留枝,中晚熟品种采用双干留枝。在门茄坐果前后,保留 2 个杈状分枝,摘除主茎上其余腋芽。门茄坐果后要进行吊蔓绑枝,同时需进行整枝。生长期间应随着果实采收,及时摘除植株下部老叶、黄叶和病叶,以促进通风透光。

4.6 病虫害防治

4.6.1 防治原则

按照预防为主、综合防治的植保方针,坚持农业防治、物理防治、生物防治为主,化学防治为辅的原则。

4.6.2 主要病虫害

茄子的主要病害有青枯病、灰霉病、黄萎病等。主要虫害有蚜虫、白粉虱、蓟马、甜菜夜蛾等。

4.6.3 防治措施

4.6.3.1 农业防治

a) 与非茄科作物进行 3 年以上的轮作；

b) 合理密植；

c) 选用抗(耐)病虫、优质、高产的优良品种；

d) 培育适龄壮苗,提高抗逆性；

e) 嫁接以防止枯萎病等土传病害；

f) 覆盖地膜以降低室内空气相对湿度,以减少真菌病害和细菌病害发生和危害,并防除杂草、提高地温；

g) 适时中耕松土,可以改善土壤的通气条件,调节地温；

h) 合理肥水；

i) 及时清除拱棚周边与棚内的杂草；

j) 及时摘除病残体,并带到拱棚外集中处理；

k) 夏季覆盖遮阳网,遮阳降温,减轻病虫害的发生。

4.6.3.2 物理防治

a) 所有通风口张挂 60 目防虫网；

b) 覆盖银灰色地膜或挂银灰色塑料条驱避蚜虫；

c) 利用黄板诱杀粉虱、蚜虫、斑潜蝇等害虫,每亩悬挂 20 cm×30 cm 的黄板 30 块~40 块即可,悬挂高度与植株顶部持平或高出 5 cm~10 cm。

4.6.3.3 生物防治

a) 利用异色瓢虫控制蚜虫、红蜘蛛；

b) 丽蚜小蜂防治白粉虱和烟粉虱；

c) 捕食螨防治红蜘蛛、蓟马、粉虱、蚜虫等小型害虫和害螨；

d) 球孢白僵菌防治蓟马、粉虱、蚜虫等；

e) 苏云金芽孢杆菌可防治多种鳞翅目蔬菜害虫,如小菜蛾、菜青虫、甜菜夜蛾等；

f) 昆虫病毒包括菜青虫颗粒体病毒、甘蓝夜蛾核型多角体病毒、甜菜夜蛾核型多角体病毒、斜纹夜蛾多角体病毒、小菜蛾颗粒体病毒和苜蓿银纹夜蛾核型多角体病毒等,可防治蔬菜害虫；

g) 利用昆虫信息素进行蔬菜害虫种群监测、诱杀、驱避和干扰交配等；

h) 植物源农药,如印楝素、除虫菊素、苦参碱等可防治病虫害；

i) 上述生物防治措施需根据田间病虫害发生情况和使用说明严格操作。

4.6.3.4 化学药剂防治

在农业防治、物理防治、生物防治等措施严格执行的情况下,仍发生较重病虫害的,可采取化学药剂防治,应严格按照 NY/T 393 的规定执行。应加强病虫害预测预报；识别症状,对症下药；明确防治范围,重点、局部用药；严格掌握施药浓度,不盲目加大用药量；轮换、交替用药,合理混用；认真执行药后安全间隔采收期。病虫害化学药剂防治方法参见附录 A。

5 采收

根据品种特性,掌握好果实的商品成熟特征,及时采收达到商品成熟期的果实。紫色和红色的茄子可根据果实萼片边沿白色部分的宽窄来判断。白色部分越宽,说明果实尚处于生长期,果实就越嫩；萼片边沿已无白色部分,说明果实生长已停止,果实变老,食用价值降低。采收果实以早晨和傍晚为宜,可以延长货架期。春季茄子从开花到采收需 20 d~25 d,4 月下旬后或秋季温度较高,果实生长速度较快,一般花后 14 d~16 d 即可采收,门茄、对茄等前期果采收要及时。当果实达到成熟时应立即分批采收,减轻植株负担,促进后来果实膨大。

6 包装、标识

6.1 包装

按照 NY/T 658 的规定进行。用于产品包装的容器如塑料箱、纸箱等要清洁、干燥、无污染。按产品的品种、规格分别包装,同一件包装内的产品需摆放整齐紧密。

6.2 标识

包装上标明产品名称、产品标准号、生产单位名称及地址、产地、品种、等级、净含量及包装日期等。经中国绿色食品发展中心许可使用绿色食品标识的,可以在包装上使用绿色食品标识。

7 储存、运输

按照 NY/T 1056 的规定进行。运输前应进行预冷。运输过程中注意防冻、防雨淋、防晒、通风散热,温度控制在 0℃～4℃,相对湿度保持在 85%～95%。

储存时应按品种、规格分别储存。茄子适宜的储存条件为 7℃～10℃,空气相对湿度 85%～90%。库内堆码应保证气流均匀流通。

8 生产废弃物处理

摘除的病叶、老叶和病株不得随意丢弃,要装入塑料袋,带出棚室后集中统一进行无害化处理。拉秧后的秸秆不得拉出棚室后随意丢弃堆沤,可取下吊蔓的塑料绳后由专人统一回收处理。另外,地膜、防虫网、旧棚膜、农药包装袋、药瓶等也需收集整理后统一处理。

9 生产档案管理

生产者应建立绿色食品拱棚茄子生产档案。记录产地棚室内环境、品种选用、农资使用、物候期记载、生产管理、用工管理、病虫害防治、采收、运输储藏和生产废弃物处理方法等农事操作管理措施。所有记录应真实、准确、规范,并具有可追溯性;生产档案应有专人专柜保管,至少保存 3 年。

附 录 A

（资料性附录）

黄淮海及环渤海湾地区绿色食品拱棚茄子生产主要病虫害防治方案

黄淮海及环渤海湾地区绿色食品拱棚茄子生产主要病虫害防治方案见表 A.1。

表 A.1 黄淮海及环渤海湾地区绿色食品拱棚茄子生产主要病虫害防治方案

防治对象	防治时期	农药名称	使用剂量	使用方法	安全间隔期,d
青枯病	苗期	20 亿孢子/g 蜡质芽孢杆菌可湿性粉剂	100 倍液	蘸根	—
	生长期		100 倍～300 倍液	灌根	—
	发育期	0.1 亿 CFU/g 多黏类芽孢杆菌细粒剂	300 倍液	浸种	—
			0.3 g/m²	苗床泼浇	—
			1 050 g/亩～1 400 g/亩	灌根	—
灰霉病	发病初期	50％硫黄·多菌灵可湿性粉剂	135 g/亩～166 g/亩	喷雾	7～10
黄萎病	移栽定植时	10 亿芽孢/g 枯草芽孢杆菌可湿性粉剂	2 g/株～3 g/株	药土法	5
	发病初期		300 倍～400 倍液	灌根	
蚜虫	发生初期	1.5％苦参碱可溶液剂	30 mL/亩～40 mL/亩	喷雾	10
白粉虱	发生初期	25％噻虫嗪水分散粒剂	7 g/亩～15 g/亩	喷雾	14
			0.12 g/株～0.2g/株	灌根	7
	苗期（定植前 3 d～5d)		7 g/亩～15g/亩	喷雾	14
蓟马	发生初期	8％多杀霉素水乳剂	20 mL/亩～30 mL/亩	喷雾	5
		0.5％藜芦碱可溶液剂	70 mL/亩～80 mL/亩	喷雾	—
	发生高峰前	60g/L 乙基多杀菌素悬浮剂	10 mL/亩～20 mL/亩	喷雾	5
甜菜夜蛾	卵孵化高峰期	30 亿 PIB/mL 甜菜夜蛾核型多角体病毒悬浮剂	20 mL/亩～30 mL/亩	喷雾	—
注:农药使用以最新版本 NY/T 393 的规定为准。					

绿色食品生产操作规程

LB/T 090—2020

黄淮海及环渤海湾地区
绿色食品拱棚芹菜生产操作规程

2020-08-20 发布　　　　　　　　　　　2020-11-01 实施

中国绿色食品发展中心 发布

前　言

　　本规程由中国绿色食品发展中心提出并归口。

　　本规程起草单位:天津市农业发展服务中心、山东省农业科学院蔬菜花卉研究所、中国绿色食品发展中心、农业农村部乳品质量监督检验测试中心、天津农垦宏达有限公司、天津市蓟州区绿色食品发展中心、山东省济宁市鱼台县农业局。

　　本规程主起草人:任伶、张卫华、马雪、张玮、王莹、马文宏、张凤娇、刘烨潼、徐熙彤、李靖、尹欣璇、朱青、杜兰红、和亮、赵晓琴、陈慧颖、徐弘、刘希柱、杨鸿炜。

黄淮海及环渤海湾地区绿色食品拱棚芹菜生产操作规程

1 范围

本规程规定了黄淮海及环渤海湾地区绿色食品拱棚芹菜的产地环境、品种选择、整地、播种、田间管理、采收、生产废弃物处理、运输储藏及生产档案管理。

本规程适用于北京、天津、河北、山西、内蒙古(赤峰和乌兰察布地区)、辽宁东西南部、江苏中北部、安徽中北部、山东、河南等地区的绿色食品拱棚芹菜的生产。

2 规范性引用文件

下列文件对于本文件的应用是必不可少的。凡是注日期的引用文件,仅注日期的版本适用于本文件。凡是不注日期的引用文件,其最新版本(包括所有的修改单)适用于本文件。

GB 16715.5　瓜类作物种子　第5部分:绿叶菜类

NY/T 391　绿色食品　产地环境质量

NY/T 393　绿色食品　农药使用准则

NY/T 394　绿色食品　肥料使用准则

NY/T 743　绿色食品　绿叶类蔬菜

NY/T 1056　绿色食品　储藏运输准则

3 产地环境

环境质量应符合NY/T 391的规定。绿色食品拱棚芹菜的产地应选择富含有机质、保水保肥力强的壤土或黏壤土种植。栽培田要求地势平坦、排灌方便、前茬未种过芹菜。

4 品种选择

4.1 选择原则

选择熟期适宜、优质、高产、抗逆性强、符合目标市场消费习惯的品种。

4.2 品种选择

芹菜分本芹和西芹2种,本芹品种应选择津南实芹、马家沟芹菜等有特色的品种,西芹国外品种较多,如美国西芹、四季西芹,可根据栽培茬口和目的不同选用适宜的品种。

4.3 种子处理

选择籽粒饱满、纯度好、发芽率高、发芽势强的种子。种子质量指标应符合GB 16715.5的要求:纯度≥93%、净度≥95%、发芽率≥70%、含水量≤8%。

5 整地、播种

5.1 播种育苗

5.1.1 播种方式及播种量

芹菜可以直播,也可以育苗移栽。大棚芹菜育苗栽培,栽植1亩地需芹菜种子80 g～100 g;直播需要300 g～500 g。

5.1.2 播种时间

保护设施得当芹菜可以实现周年生产。拱棚芹菜主要有春拱棚芹菜和秋拱棚芹菜,春拱棚芹菜一般在 1 月～2 月播种,3 月～4 月定植;秋拱棚芹菜在 6 月中下旬至 10 月上旬播种均可。

5.1.3 浸种催芽

在播种前将种子晒 1 d 后,在清水中浸泡 24 h,使种子充分吸水,每隔 8 h 将种子揉搓并淘洗数遍到水清为止。将上述种子用纱布包好,放入冰箱冷藏室里,温度保持 4℃～5℃催芽,一般经过 4 d～5 d 有 80%的种子"露白"后即可播种。

5.1.4 播种

选择地势较高、旱能浇、涝能排、土质疏松的肥沃地块做苗床,苗床一般设在通风遮阳的大棚。播前苗床浇足底水,每平方米撒播或浅沟条播拌沙种子 250 g 左右,播后覆 1 cm 营养土或细沙。秋延迟拱棚芹菜播种在午后或阴天进行,防止烈日晒伤幼芽,同时用遮阳网做好苗床遮阳。

5.1.5 苗期管理

苗期温度控制在 15℃～20℃,水分管理保持土壤见干见湿。

早春育苗温度低水分蒸发量少,要根据苗床水分情况进行浇水,不干不浇,以防降低地温。早春芹菜育苗的关键要防止低温春化,一旦春化抽薹就失去商品价值。

秋拱棚育苗苗期温度高,蒸发量大,出苗后,早晨或傍晚喷浇一次水,水量以畦面见水为准,以后 3 d～4 d 浇水 1 次,达到中午见干、早晚见湿。幼苗长到 3 片～4 片叶时控制水分,防止徒长。育苗期随着幼苗长大,逐渐撤去遮阳网,至 2 叶期时,全部揭去遮阳网,并进行一次间苗,苗距 3 cm。

芹菜苗期一般不追肥,如遇长势弱、缺肥时,可在 4 片～5 片叶时,每平方米随浇水施入 8 g～10 g 尿素。

5.1.6 壮苗标准

芹菜的壮苗标准:株高 10 cm 左右,叶柄短粗、开展度大,有 5 片～6 片真叶,主根发达,须根多。

5.2 定植

5.2.1 施基肥、整地做畦

选择富含有机质、保水保肥能力强的壤土栽培。肥料的使用应符合 NY/T 394 的要求。在前茬作物收获后,施腐熟有机肥 4 000 kg/亩～5 000 kg/亩、适量添加菌剂,如枯草芽孢杆菌 2 kg/亩～4 kg/亩(每克孢子含量不低于 2 亿)、高氮低磷中钾复合肥(如 N-P$_2$O$_5$-K$_2$O 为 22-5-13 或者 N-P$_2$O$_5$-K$_2$O 为 20-8-13)25 kg/亩。深耕 25 cm 左右,疏松土壤,精细整地,可做成宽 120 cm～150 cm 的平畦,也可开沟做高畦,畦宽 100 cm、沟宽 30 cm、沟深 15 cm。

5.2.2 取苗

取苗时,应将苗床先浇透水,连根带土挖出,可铲断一部分主根,以利于侧根的发生。将苗按大小分级,以备栽植。

5.2.3 定植

一般采用沟栽定植方法,将每一畦面按沟深 10 cm、沟宽 5 cm、沟间距 18 cm～20 cm 的规格开沟,将幼苗直立地放入沟中。株距:本芹 8 cm,亩栽苗 40 000 株左右;西芹 20 cm,亩栽苗 16 000 株左右。品种不同,要求的株行距略有不同。

定植时间早春宜选择晴天上午,秋季栽培一般选择在阴天或晴天傍晚进行。芹菜宜浅栽,定植深度 1 cm～1.5 cm,以不埋心叶为宜。太深浇水后心叶易被泥浆埋住,影响发根和生长,造成缺苗;过浅苗不稳,浇水易倒伏,不利于发根。

早春栽培可以提前造墒,定植时浇小水缓苗,一周后再浇一次小水确保水分供应,但是又不大幅度地降低地温。

秋季定植每栽完 1 畦立即浇水,避免幼苗因失水过多缓苗慢。定植完后立即用遮阳网遮盖降温,做到白天阳光强时盖、傍晚阳光弱时揭,培养出根系发达、叶面厚实、茎秆粗壮的健壮芹菜苗。

6 田间管理

6.1 温度管理

芹菜植株的最适生长温度为15℃～20℃,春末和夏秋5月～10月,要通过浇水和调节放风量的大小来控制温度。这一阶段棚内最高温度不超过22℃;早春1月～3月和进入11月之后,要通过加强覆盖保温、降低通风量来保证温度。这一阶段棚内最低温度不能低于10℃。如果5℃～10℃连续达10 d,很容易通过春化,导致抽薹。

6.2 光照调节

芹菜耐弱光。光照的长短对它的营养生长影响不大,但是对它的生殖生长影响非常大。通过光照调节,通过揭盖草帘子,控制每天的光照时间在6 h～9 h,让芹菜始终处于短日照条件下。可以避免或延迟抽薹,达到连续采收、获得高产的目的。

6.3 水分管理

芹菜根系较浅,喜欢湿润的环境。因此,缓苗后根据不同的土壤条件和天气情况确定适宜的浇水量和浇水间隔期。原则上小水勤浇,保持土壤见干见湿,不能积水,土壤湿度的剧烈变化容易引起叶柄开裂。推荐使用滴灌系统,进行水肥一体化管理,节水、减肥、省工,还可有效防止土壤的盐碱化,减少病害的发生。

6.4 追肥管理

芹菜追肥的使用应符合NY/T 394的规定。芹菜缓苗结束进入旺盛生长期后,结合浇水每次施入高氮低磷中钾复合肥(如N-P_2O_5-K_2O为20-8-13)4 kg/亩～5 kg/亩,一般不空水。注意硼肥和钙肥等中微量元素的及时补充,缺钙容易诱发干心病,缺硼易使叶柄开裂,茎秆发脆易断。中微量元素可以随水冲施,也可以通过叶面喷雾的方式进行补充。

6.5 植株调整

到生产中后期,下部叶片老化,失去光合作用,影响通风透光,可将病叶、老叶打去,进行沼气发酵。

6.6 病虫害防治

6.6.1 防治原则

按照预防为主、综合防治的植保方针,坚持农业防治、物理防治、生物防治为主,化学防治为辅的防治原则。

6.6.2 常见病虫害

主要病害:叶斑病、斑枯病等。
主要虫害:蚜虫、甜菜夜蛾等。

6.6.3 防治措施

6.6.3.1 农业防治

首先应根据当地病害的流行情况选用适当的抗病品种;实行与非伞形花科类蔬菜轮作;种植前深耕晒垡,种植密度要合理,保证田间通透度,加强栽培管理,尤其是水肥管理,培育健壮植株;采用深沟高畦防止积水;及时中耕除草,保证土壤疏松度;摘除病残体,清洁田园等。

6.6.3.2 物理防治

田间设置黑光灯或频振式杀虫灯,诱杀地下害虫和鳞翅目害虫等,一般30亩地可以设置1盏杀虫灯。

6.6.3.3 生物防治

利用瓢虫、捕食螨、赤眼蜂、丽蚜小蜂、草蛉等天敌防治害虫;使用生物药剂或者生物菌剂防治细菌性或者真菌性病害如乙蒜素、枯草芽孢杆菌、哈茨木霉菌等,做好提前预防。

6.6.3.4 化学防治

化学防治应符合 NY/T 393 农药使用准则的规定。在主要防治对象的防治适期,根据病虫害发生特点和农药特性,选择适当的施药方式和施药时间,注意轮换用药,严格控制安全间隔期。主要病虫害化学防治方案参见附录 A。

7 采收

芹菜一般是一次性采收。芹菜定植后 60 d 左右,本芹株高达到 40 cm 以上、西芹达到 80 cm 即达采收的标准。可根据下茬作物的需要或市场行情采收,但也要根据种植品种生长期的要求而定,否则会造成产量和品质下降。采收芹菜的产品质量应符合 NY/T 743 的要求。采收时留根 2 cm 左右,抖掉泥土,削掉多余主根和侧根。采收时注意勿伤叶柄,摘除老叶、黄叶、烂叶,去掉糠心、有分蘖和褐茎的植株,整理后扎捆包装。短期储藏,可在棚内假植储藏,分期上市。

8 生产废弃物处理

芹菜采收后可将摘掉的芹菜叶子、长病虫害的芹菜和砍掉的根收集起来,放到不透气的大塑料袋子中,然后加入固体石灰氮,石灰氮用量 0.5 kg/m³～0.7 kg/m³,混匀,加入少量水,封口,7 d～10 d 后倒出来,摊开,晾 1 d～2 d,加入 EM 菌后粉碎,作为有机肥混入土壤中。或者收集起来进行沼气发酵,发酵后的沼液和沼渣回田。

9 运输储藏

芹菜的储藏、运输要符合 NY/T 1056 的规定,运输时要轻装、轻卸,严防机械损伤。运输工具要清洁卫生、无污染。短途运输要严防日晒、雨淋。临时储存应保证有阴凉、通风、清洁、卫生的条件。防止日晒、雨淋、冻害以及有毒、有害物质的污染,应按品种、规格分别堆码,要保证有足够的散热间距,温度以 0℃～2℃、相对湿度以 90%～95% 为宜。

10 生产档案管理

建立绿色食品拱棚芹菜生产档案,应详细记录产地环境条件、生产技术、肥水管理、病虫害的发生和防治、采收及采后处理、各环节所采取的具体措施。记录所用生产资料的品种、规格、使用方法、使用时间等,记录保存期 3 年以上。

附　录　A

（资料性附录）

黄淮海及环渤海湾地区绿色食品拱棚芹菜生产主要病虫害防治方案

黄淮海及环渤海湾地区绿色食品拱棚芹菜生产主要病虫害防治方案见表 A.1。

表 A.1　黄淮海及环渤海湾地区绿色食品拱棚芹菜生产主要病虫害防治方案

防治对象	防治时期	农药名称	使用剂量	使用方法	安全间隔期,d
叶斑病		10%苯醚甲环唑水分散粒剂	60 g/亩～80 g/亩	喷雾	5
斑枯病		10%苯醚甲环唑水分散粒剂	35 g/亩～45 g/亩	喷雾	5
蚜虫	发生初期	5%啶虫脒乳油	24 mL/亩～36 mL/亩	喷雾	7
		25%噻虫嗪水分散粒剂	4 g/亩～8 g/亩	喷雾	10
		1.5%苦参碱可溶液剂	30 mL/亩～40 mL/亩	喷雾	10
甜菜夜蛾		1%苦皮藤素水乳剂	90 mL/亩～120 mL/亩	喷雾	10
注:农药使用以最新版本 NY/T 393 的规定为准。					